公式テキスト『改訂9版』に対応！

　「eco検定（環境社会検定試験）®」の問題は、基本的に東京商工会議所編著・日本能率協会マネジメントセンター発行の『改訂9版 環境社会検定試験®eco検定公式テキスト』から、多く出題されます。2023年1月に『改訂9版』が刊行され、2023年度の試験からは『改訂9版』の内容が出題範囲となります。『改訂9版』は、新たな内容が盛り込まれ、統計等の数値が新しい情報に更新されています。

　『改訂8版』からの主な変更点は次のとおりです。

> 本書は『改訂9版　環境社会検定試験®eco検定公式テキスト』（日本能率協会マネジメントセンター発行）に対応しています！

① 1章「05 持続可能な開発目標（SDGs）とは」で以下のような変更がありました。
- 「理念を実践に変える取り組みと方法」が、「06 SDGsへの取り組み」へ移動。
- 「SDGsの基本理念」が新設され、SDGsのウェディングケーキの図が追加。

② 1章「06 SDGsへの取り組み」が新設されました。
- 「世界のSDGsの状況」が新設され、新型コロナウイルスによる感染症（COVID-19）の影響などの説明が追記。

③ 1章末のTOPICS「感染症と持続可能な開発」で以下のような変更がありました。
- 8版よりもCOVID-19に関連する解説が減少。
- IPBESが2020年10月に公表した「生物多様性とパンデミックに関するワークショップ報告書」と、IPCCが2022年2月に公表した「第6次評価第2作業部会報告書」の解説が追加。

④ 3章 3-1「01 地球温暖化の科学的側面」で、「気候変動に関する自然科学的知見」が新設されました。
　気候変動に関する政府間パネル（IPCC）や、近年の記録的な猛暑

や大雨などの気候変動について解説されています。

⑤ 3 章 3-1「03 地球温暖化問題に関する国際的な取り組み」で、「グラスゴー気候合意と各国の GHG 削減目標の引き上げ」が新設され、「二国間クレジット制度（JCM）」が大幅に変更されました。

国際交渉に影響を与えた科学的知見、1.5℃目標の追求と各国による GHG 削減交渉の引き上げ、協力的アプローチなどについて解説されています。

⑥ 3 章 3-4「01 オゾン層保護とフロン排出抑制」で、「温暖化への影響と対策」が新設されました。

特定フロンの代替として、代替フロン（HFC）への転換が進められてきたが、大きな温室効果があることが新たに問題となり、近年ではノンフロン冷媒などが開発・実用化されるようになりました。このようなフロン対策の変遷について解説されています。

⑦ 5 章の内容が大きく変更されました。
• 8 版の 5-1 各主体の役割・活動「行政、企業、市民、NPO の協働」と、5-2 パブリックセンター「国際社会の取り組み」が削除。
• 5-2「03 拡大する ESG 投資への対応」が新設され、ESG 投資先の判断材料などについて解説。
• 5-2「01 企業の社会的責任（CSR）」「04 環境コミュニケーションとそのツール」と、5-4「01 NPO の役割とソーシャルビジネス」「02 各主体の連携による協働の取り組み」が大幅に変更。

⑧ その他、以下も大きく変更されています。
● 1 章「03 環境問題への取り組みの歴史（日本）」の年表に 2020 年が追加され、「脱炭素社会の実現に向けて」が新設
● 8 版の 2 章から「経済と環境負荷」が削除
● 3 章 3-1「04 日本の地球温暖化対策（国の制度）」「05 日本の地球温暖化対策（地方自治体・国民運動の展開）」「06 脱炭素社会を目指して」
● 3 章 3-2「03 日本のエネルギー政策」「05 再生可能エネルギー」
● 3 章 3-3「03 生物多様性に対する国際的な取り組み」「04 生物多様性の主流化」「06 自然共生社会に向けた取り組み」

Contents

第 5 章　各主体の役割・活動

本書の効果的な使い方

STEP 1　要点編でよく出るポイントを確実に押さえる

改訂9版公式テキスト（日本能率協会マネジメントセンター発行）の対応ページを示しています。

このテーマについて、重要度を3段階で示しています。

SDGsのゴールとの関係を示しています。

付属の赤シートを活用して効率よく覚えよう。

図や表でわかりやすくまとめています。

押さえておきたいポイントをまとめていますので、しっかり覚えよう。

重要な用語について解説しています。用語の理解は学習の基本です。

本書は、eco検定（環境社会検定試験）®によく出る内容を、要点と一問一答形式の予想問題として、覚えやすくまとめたものです。
※本書の内容は、原則として2023年3月現在の情報に基づいて編集しています。

STEP 2　問題編でよく出る問題を得点につなげる

よく出るテーマの問題を○×で答えられる一問一答形式の予想問題になっています。繰り返し解いて、確実に答えられるようにしましょう。

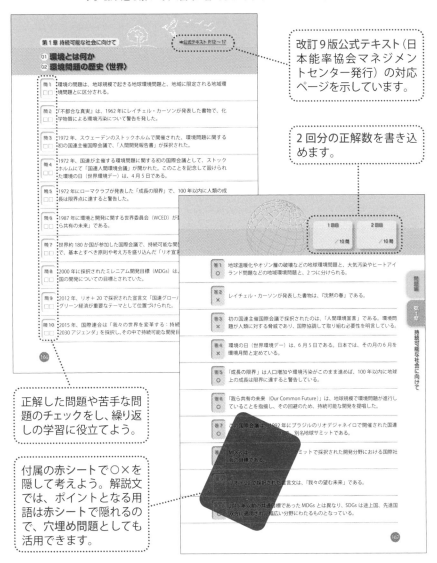

改訂9版公式テキスト（日本能率協会マネジメントセンター発行）の対応ページを示しています。

2回分の正解数を書き込めます。

正解した問題や苦手な問題のチェックをし、繰り返しの学習に役立てよう。

付属の赤シートで○×を隠して考えよう。解説文では、ポイントとなる用語は赤シートで隠れるので、穴埋め問題としても活用できます。

eco 検定® 試験ガイダンス

　eco 検定（環境社会検定試験）® は、東京商工会議所と全国にある商工会議所が主催する試験で、2006 年から年 2 回実施されています。なお、2021 年度から試験方式は、IBT（インターネット経由での試験）と CBT（テストセンターでの試験）に変わりました。。

　このページに掲載されている試験に関する情報は、原則として、本書編集時点の 2023 年 3 月現在のものです。変更される場合がありますので、受験される方は、必ずご自身で試験実施機関の発表する最新情報を確認してください。

◆**受験資格**　学歴・年齢・性別・国籍を問わず、だれでも受験できます。

◆**合否基準**　100 点満点とし、70 点以上をもって合格となります。

◆**出題範囲**　公式テキストの基礎知識と、それを理解したうえでの応用力が問われます。出題範囲は、基本的に公式テキストに準じますが、最近の時事問題についても出題されます。

◆**試験方式**

　IBT（Internet Based Test・インターネット経由での試験）

　　1 年に 2 シーズンの試験期間があり（おおよそ 7 月～ 8 月・11 月～ 12 月）、1 シーズン 1 回限りとなります。自宅や職場のインターネットに接続されたコンピュータを使っての受験となります。個人申込と団体申込があります。

　CBT（テストセンターに設置のコンピュータでの試験）

　　IBT と同じ試験期間で、個人申込のみとなります。

◆ **IBT の受験環境（受験できる場所）**

　プライバシーが配慮され受験に適した環境であれば、どこでも可（公共スペースは不可）。コンピュータなどの機器は、受験者が準備します。

IBT の 3 つのポイント

・受験日時が選べる ➡ 平日や業務時間内に受験可（土日・祝休日も受験可）。
・即時採点ですぐに合否が分かる ➡ 次のステップアップにすぐに取り組める。
・自宅や会社で受験できる ➡ 時間を効率的に使える。

◆ **問合せ先** ◆

東京商工会議所 検定センター　https://kentei.tokyo-cci.or.jp/eco/
050-3150-8559（土日・祝休日・年末年始を除く 10:00 ～ 18:00）

eco 検定®
要点まとめ ✚ よく出る問題

要点編

01 環境とは何か

重要度 ☆☆☆

環境とは、環境問題とは

環境とは、人間及び人間社会を取り巻く人間以外の生物、生態系、そして山、川、海、大気など、自然そのもののことである。

産業革命以降、私たちを取り囲む周囲の状況が変化し、人間の心身から自然の全体にさまざまな影響を与えてきている。この影響の程度が自然による回復限度を超えると、「持続性」が無くなり、「環境問題」として認識され、何らかの手段を講じる必要が出てくる。

環境問題の区分と地球環境問題の特徴

環境の問題は、影響が地球規模で起きるもの（地球環境問題）と、地域に限定されるもの（地域環境問題）に大きく分けられる。

日本では、光化学スモッグなどの大気汚染、イタイイタイ病の原因となった水質汚染などの地域環境問題への取り組みが歴史的になされ、成果を上げてきた。地球温暖化やオゾン層破壊、砂漠化など地球規模で起こる環境問題については、国際機関の連携などで解決に向けて、近年、積極的に取り組みを行っている。

◆種別による環境問題の区分

地 球 環 境	種 別	地 域 環 境
地球温暖化、オゾン層破壊、酸性雨、黄砂、越境大気汚染	大気	**大気汚染**、ヒートアイランド問題
海洋汚染、淡水資源問題	水環境	**水質汚濁**
砂漠化	地盤・土壌	**土壌汚染**、地盤沈下
生物多様性・森林の減少、野生生物の絶滅	生態系	生物多様性減少、有害鳥獣問題、景観悪化、里山や田園などの保全

※上記の表の他に以下の問題もある。
【区分なし】　　　「化学物質・放射性物質による環境汚染問題」「放射性廃棄物の処理」
【地球環境問題】途上地域問題…「環境（公害）問題」「有害廃棄物の越境移動」
　　　　　　　　国際協調不可欠の問題…「世界遺産・南極の環境保全」
　　　　　　　　国連が扱っている問題…「陸上資源」「山岳開発」「農村開発」
【地域環境問題】生活環境保全…「廃棄物、騒音、振動、悪臭、光害」

02 環境問題の歴史〈世界〉

要点編

第 1 章 持続可能な社会に向けて

重要度 ☆☆☆

環境問題のはじまり

　環境問題は、産業革命が先行した欧米で顕在化し、社会で取り上げられるようになった。英国でのロンドンスモッグ事件（1952 年）は端緒としてよく知られている。それに加え、化学物質の生物への影響を啓発したレイチェル・カーソン（米国）の『沈黙の春』が出版（1962 年）されるなど、理解も地球規模で深まってきている。また、地球規模での環境問題に対処するため、わが国でも国際的な取り組みが整備されてきた（次ページ表参照）。京都で合意された気候変動枠組条約での「京都議定書」（1997 年）など、わが国が関わってきた取り組みも多い。この中で設立された気候変動に関する政府間パネル（IPCC：1988 年）の報告は、多くの国の温暖化対策で科学的知見として採用されている。

地球環境問題の注目

　地球規模での環境問題への取り組みが実質的に進められる中、その課題を超えて、人間、生物が成長を遂げてゆく必要性が認識され、持続可能性が議論されるようになった。1992 年にリオデジャネイロで開催された国連環境開発会議（地球サミット）では、環境と開発に関するリオ宣言が採択され、持続可能な開発に向けた行動計画（アジェンダ 21）が採択され、地球温暖化、生物多様性に関する条約が整うなど、様々な連携が進む起点となった。その、10 年後、20 年後の節目ではリオ＋ 10、リオ＋ 20 として、取り組みの検証、評価が行われている。

　2015 年には、国連では全世界を対象とした、誰一人も取りこぼさずに開発を進める目標、持続可能な開発目標（SDGs）を採択し、原則、すべての国、企業、社会で取り組む姿勢が採られている。

用　語　●ロンドンスモッグ事件　1952 年 12 月にロンドンで発生した最悪規模の大気汚染。暖房設備やディーゼル車などから発生した硫黄酸化物などと、冷たい霧によりスモッグが発生し、気管支炎などにより多くの死者が出た。

point 持続可能な開発目標（SDGs：Sustainable Development Goals）は、2015年9月に世界のリーダーにより国連で決められた国際社会共通の目標。17のゴール（目標）・169のターゲット（達成基準）から構成され、2030年までの達成を目指している。eco検定の合格にSDGsの理解は必要であるため、しっかり覚えよう。

◆国際社会の環境問題に関する取り組みの年表

年	取り組み	概要
1972	ローマクラブ「成長の限界」発表 国連人間環境会議、UNEP設立	「人間環境宣言」「環境国際行動計画」採択　UNEP：国連環境計画
1975	「ラムサール条約」発効 「ワシントン条約」発効	水鳥とその生育地である湿地の保護 絶滅のおそれのある野生動植物の種の保存
1985	オゾン層保護の「ウィーン条約」採択	フロンガスの消費制限
1987	環境と開発に関する世界委員会（WCED） 「モントリオール議定書」採択	WCEDが報告書「我ら共有の未来」を発表（持続可能な開発の考え方を提唱）
1988	IPCC（気候変動に関する政府間パネル）設立	温暖化に関する科学的知見の収集・評価・報告を行う国連組織
1992	国連環境開発会議（地球サミット）リオ 「バーゼル条約」発効、「生物多様性条約」 「気候変動枠組条約」採択	持続可能な開発を実現するための国際会議「リオ宣言」「アジェンダ21」など採択
1997	気候変動枠組条約締約国会議 COP3（京都）	「京都議定書」採択、先進国全体で90年比5%以上の温室効果ガス削減
2000	国連ミレニアム・サミット開催	ミレニアム開発目標（MDGs）採択
2002	持続可能な開発に関する世界首脳会議（WSSD）（ヨハネスブルグ）リオ＋10	地球サミットから10年、アジェンダ21などのフォローアップ、持続可能な開発のための教育（ESD）の推進を提唱
2005	「京都議定書」発効	ロシアの批准により発効、米国は見送り
2008	「京都議定書」第一約束期間スタート G8北海道・洞爺湖サミット	2008〜2012年が第一約束期間 「環境」をテーマとした先進国首脳会議
2009	気候変動枠組条約締約国会議 COP15（コペンハーゲン）	首脳級レベルで「ポスト京都議定書」の枠組みをめぐり協議
2010	生物多様性条約締約国会議 COP10（名古屋）	「名古屋議定書」「愛知目標」採択
2011	気候変動枠組条約締約国会議 COP17（ダーバン）	「京都議定書」延長、「ダーバン・プラットフォーム」採択
2012	国連持続可能な開発会議「リオ＋20」	地球サミットから20年、アジェンダ21などのフォローアップを実施
2014	「第5次評価報告書」IPCC発表	気温上昇2℃未満に抑える道筋を強調
2015	「持続可能な開発のための2030アジェンダ」採択、気候変動枠組条約締約国会議 COP21（パリ）にて「パリ協定」を採択	2030年までに実現すべき17目標SDGsを共有、温室効果ガス削減のための2020年以降の国際的取り組みの枠組み
2016	「パリ協定」発効	二大排出国（米国、中国）の批准による

2017	「国連海洋会議」初開催	パートナーシップダイアローグを実施
2018	「1.5℃特別報告書」IPCC	気候システムの変化と生態系や人間社会へのリスクを警告
2021	気候変動枠組条約締約国会議 COP26	「グラスゴー気候合意」採択
2022	気候変動枠組条約締約国会議 COP27（エジプト・シャルムエルシェイク）	「シャルムエルシェイク実施計画」「緩和作業計画」採択

用語　●**ローマクラブ**　アウレリオ・ペッチェイ博士の主導により、さまざまな人類の危機回避の道を模索するために設立され、自然科学者、経済学者、教育者、経営者などで構成する民間組織。1968 年に設立。
●**国連人間環境会議（ストックホルム会議）**　国際連合が開催し、環境問題に取り組む際の原則を明らかにした人間環境宣言が採択された。
●**人間環境宣言**　環境問題は人類に対する脅威であり、国家の枠を超えて国際的に取り組むべき課題であることを宣言した。
●**国連環境開発会議（地球サミット）**　世界 182 か国が参加して開催された「環境と開発に関する国連会議」。
●**アジェンダ 21**　21 世紀に向けて、持続可能な開発を実現するために、国や国際機関が実現すべき具体的な行動計画を示したもの。
●**リオ＋ 10（持続可能な開発に関する世界首脳会議（WSSD））**　ヨハネスブルグで開催され、持続可能な開発を進める実施計画とヨハネスブルグ宣言を採択。
●**リオ＋ 20（国連持続可能な開発会議）**　リオ＋ 10 の 10 年後にリオデジャネイロで開催。宣言文「我々の望む未来」が採択され、グリーン経済の必要性が強調された。
●**SDGs（持続可能な開発目標）**　ミレニアム開発目標（MDGs）の後継で、地球上の「誰一人取り残さない」ことを誓っている。

ゴロ合わせ　　　**気候変動枠組条約締約国会議**

気功へどう？　ワー組み手はこーかい？
（気候変動）　　（枠組条約締約国会議）
コップを 21 個もパリッ！　今日って最多
（COP21）　　　　（パリ　　協定）　（採択）

2015 年、気候変動枠組条約締約国会議
COP21 にて「パリ協定」を採択。

03 環境問題の歴史〈日本〉

重要度 ☆☆☆

日本の環境問題のはじまり

日本での環境問題の起こりは、明治時代に足尾銅山からの鉱毒ガス被害を、地元の議員が国に問題提起したことであるとされている。

高度経済成長と公害対策

日本は戦後まもなく高度経済成長を遂げ、1955 年から 1973 年を見ても、年に 10 ％以上の経済成長を達成し、ドイツを抜いて世界第 2 位の GNP を誇った。

しかし、工場からの排煙、汚水は環境を汚し、騒音、地盤沈下といった公害も起き、それらに起因する健康被害も頻発した。その公害への対策の取り組み、技術開発、法・規制整備により克服が図られた。

技術の進展と新たな環境問題への挑戦

公害対策としては、当初、排出端からの排出物を減らす技術が開発、導入された。すなわちエンドオブパイプ（End of Pipe）的な対策が中心であった。しかし、地球サミットの開催された 1992 年を契機にわが国でも 1993 年に環境基本法が制定され、それに基づく環境基本計画に沿った政策が進められるようになっている。

これまで、直接的規制法がとられてきた環境制度に対し、新たな法律に基づく、自主的取り組みを導入し、効率的な成果を得る制度への展開ともいえる。

◆主な環境関連法など

年	法　律　名
1967	公害対策基本法
1968	大気汚染防止法
1972	自然環境保全法
1973	公害健康被害補償法
1979	省エネ法
1988	オゾン層保護法
1993	種の保存法 **環境基本法**
1995	**容器包装リサイクル法**
1997	環境影響評価法
1998	**家電リサイクル法** 地球温暖化対策推進法
2000	循環型社会形成推進基本法 グリーン購入法
2003	自然再生推進法 環境教育推進法
2008	生物多様性基本法
2012	**エコまち法**
2018	気候変動適応法
2020	カーボンニュートラル宣言
2021	プラスチック資源循環促進法

四大公害病

深刻な社会問題となった四大公害病の概要は、下表のとおりである。

	水俣病	新潟水俣病	イタイイタイ病	四日市ぜんそく
地域	熊本県水俣市	新潟県阿賀野川流域	富山県神通川流域	三重県四日市市
時期	1956年報告	1965年発生確認	1912年発生、1955年報告	1960～70年代発生
原因	工業排水中の微量の**有機水銀**	鉱業所排水中の**カドミウム**	排ガス中の**硫黄酸化物**
症状	中枢神経系疾患による手足や口のしびれなどの症状	骨がもろくなり骨折し激しい痛みを伴う	ぜんそくや気管支炎など呼吸器系疾患

持続可能な社会と脱炭素社会

2000年代になると、経済社会のグローバル化が進み、国境を越えて動く投資資金などによって、私たちの生活にも影響が出るようになり、貧困や格差などが社会問題となっている。

また、SDGsのように環境に関する課題のみだけでなく、経済・社会的課題も同時解決していくことを目指している。

2015年のパリ協定合意後、温室効果ガスの2050年までの排出量を全体としてゼロにするカーボンニュートラルを2020年10月に宣言し、2030年までに2013年度比46%削減を目標とした。

安心・安全な原子力への取り組み

環境基本法では、原子力発電所などからの放射性物質による環境汚染は対象とせず、原子力基本法等の法律で対応していた。原子力規制委員会設置法が2012年に制定され、放射性物質による環境汚染を防止するための措置が環境基本法の対象とされた。大気汚染防止法などの個別の環境法でも、放射性物質による環境汚染を適用除外としていた規定が改められた。

用語 ●**足尾銅山** 栃木県上都賀郡足尾町（現在の日光市足尾地区）にあった銅の鉱山。足尾銅山鉱毒事件は、明治20～30年代に鉱毒ガスや鉱山廃水により渡良瀬川が汚染され、沿岸の漁業・農作物や住民の健康に甚大な被害を与えた。
●**エンドオブパイプ** 工場の排気や排水を放出する排出口で処理をして環境負荷を軽減する技術。規制的手段による技術の開発とともに公害対策は進展した。

04 地球サミット

重要度 ☆☆☆

地球サミットの開催

1992 年、ブラジルのリオデジャネイロで世界 182 か国が参加して「環境と開発に関する国連会議（国連環境開発会議）」が開催された。この会議は、地球サミットと呼ばれており、1972 年、スウェーデンのストックホルムで国連人間環境会議（ストックホルム会議）が開催されてから、20 年後のことであった。「環境と開発に関するリオデジャネイロ宣言（リオ宣言）」、「森林原則声明」、「持続可能な開発のための人類の行動計画（アジェンダ 21）」が採択され、気候変動枠組条約と生物多様性条約への署名が開始された。

リオ宣言

ストックホルム会議の宣言を再確認し、さらに発展させることを求めて採択されたもので、持続可能な開発をキーワードとした 27 項目の原則が示されており、主なものは以下のとおりである。

◆リオ宣言の主な内容

原　則	内　容
第 1	人類が持続可能な開発概念の中心に位置する
第 2	自国内資源を開発する主権の尊重と自国管轄外の環境を破壊しない責任
第 3	開発にあたっての将来世代のニーズの考慮（世代間公平）
第 5	貧困の撲滅
第 7	共通だが差異ある責任
第 10	全ての主体の参加と情報公開（公衆の参加）
第 15、16	予防原則、汚染者負担の原則
第 17 ～ 19	環境影響評価
第 20 ～ 23	各主体の関与（女性、青年、先住民等）
第 24 ～ 26	環境と戦争、平和

アジェンダ 21

　21 世紀に向けて持続可能な開発を実現するために、各国、各国際機関が実現すべき具体的な行動計画を示したものである。その中で、大気保全、森林保護、砂漠化対策、生物多様性保護、海洋保護、廃棄物対策などのプログラムを示し、そのための資金、技術移転、国際機構などについて定めている。

　また、アジェンダ 21 に関する活動の実施状況をレビュー（批評）・監視するために、持続可能な開発委員会（CSD）が国連に設置されている。

◆アジェンダ 21 の行動計画

〈1〉経済・社会的側面	持続可能な開発の実現に向け、**貧困の撲滅**、消費形態変更、人口問題、健康促進、持続可能な住居などの行動方針を示す
〈2〉開発資源の保全・管理	森林、**大気**、生態系、農業、**海洋**、陸上資源、淡水資源、バイオテクノロジー、廃棄物などについて行動を示す
〈3〉主なグループの役割強化	子ども、**青年**、**女性**、先住民、**労働者**、自治体、産業界などを持続可能な開発の行動主体として取り上げ、取るべき行動を示す
〈4〉技術・財源などの実施手段	技術移転や能力向上、資金確保、**教育**、**途上国支援**、国際的機構などの実施手段を示す

先進国と途上国の対立

　1992 年にリオデジャネイロで開催された地球サミットでは、前述のように、その後の世界規模での取り組みの基本姿勢となる宣言、計画、声明、条約が発せられ、国連における環境行動の起点と位置づけられている。

　先進国のこれまでの環境に負荷を与えて得た成長と、これからの負荷をかけずに成長することが求められる途上国との間で、公平性について議論が惹起された。その議論を受けて、先進国からの資源や資金配分、時間的猶予、基準緩和などの配慮がなされている。

用　語　●**森林原則声明**　森林の保全、持続可能な経営・開発の実現に向け国レベル、国際レベルで取り組むべき 15 項目の内容を規定している。
　持続可能な開発　「環境と開発に関する世界委員会（WCED）」が 1987 年に公表した「我ら共有の未来」の中心的な概念で、将来の世代の欲求を満たしつつ、現在の世代の欲求も満足させるような開発のことをいう。環境と開発は共存し得るものとしてとらえ、環境保全を考えた節度ある開発が重要であるという考えに基づく。

05 持続可能な開発目標 (SDGs)

重要度 ☆☆☆

持続可能な開発の理念

　1987 年、国連の環境と開発に関する世界委員会（WCED）の最終報告書『我ら共有の未来』（ブルントラント報告）では、持続可能な開発の理念が提唱された。その理念は「将来世代のニーズを損なうことなく現在の世代のニーズを満たすような開発」と説明され、自然環境との共生を重視した開発を意味する。また、経済、貧困、資源、人口、ジェンダー、保健衛生、平和、人権などを含むすべての問題を分析し、持続可能な開発、社会的公正の実現へ向けて実施するべき対策が示された。

　この理念をもとに、1992 年の地球サミットでは、「リオ宣言」や「アジェンダ21」などの具体的行動計画が示され、2002 年には、ヨハネスブルグサミットで「持続可能な開発に関するヨハネスブルグ宣言」と貧困撲滅や天然資源の保護と管理などが盛り込まれた「ヨハネスブルグ実施計画」が採択された。

SDGs（持続可能な開発目標）

　旧来の公害対策から、地球環境を取り込んだ環境対策、社会自体の環境適合化、さらには地球規模での生物全般を含めた社会全体の持続性を確かにする行動への転換がなされてきた。それまでに採択されてきた国際開発目標を統合して2000 年の国連ミレニアム・サミットで採択されたミレニアム開発目標 MDGs では、極度の貧困と飢餓の撲滅など、2015 年までに達成を目指した 8 つの目標を掲げてきた。その目標をさらに発展させ、2015 年の国連持続可能な開発サミットで持続可能な開発のための 2030 アジェンダを採択し、その中では 17 のゴールと 169 のターゲットとなる持続可能な開発目標（SDGs）を掲げている。その理念として、誰一人取り残さない「包摂性」が貫かれている。

　SDGs では、狭い意味での「環境」を超えた幅広い要素に、持続可能な社会構成のための目標が設けられている。また、NbS（ネイチャーベースドソリューション）という、自然を基盤とした解決策について考えていくことが求められている。

◆**持続可能な開発目標（SDGs）の17のゴール**　出典：環境省『平成30年版 環境白書』

1	貧困	あらゆる場所のあらゆる形態の貧困を終わらせる
2	飢餓	飢餓を終わらせ、食糧安全保障及び栄養改善を実現し、持続可能な農業を促進する
3	健康な生活	あらゆる年齢の全ての人々の健康的な生活を確保し、福祉を促進する
4	教育	全ての人々への包摂的かつ公平な質の高い教育を提供し、生涯教育の機会を促進する
5	ジェンダー平等	ジェンダー平等を達成し、全ての女性及び女子のエンパワーメントを行う
6	水	全ての人々の水と衛生の利用可能性と持続可能な管理を確保する
7	エネルギー	全ての人々の、安価かつ信頼できる持続可能な現代的エネルギーへのアクセスを確保する
8	雇用	包摂的かつ持続可能な経済成長及び全ての人々の完全かつ生産的な雇用とディーセント・ワーク（適切な雇用）を促進する
9	インフラ	レジリエントなインフラ構築、包摂的かつ持続可能な産業化の促進及びイノベーションの拡大を図る
10	不平等の是正	各国内及び各国間の不平等を是正する
11	安全な都市	包摂的で安全かつレジリエントで持続可能な都市及び人間居住を実現する
12	持続可能な生産・消費	持続可能な生産消費形態を確保する
13	気候変動	気候変動及びその影響を軽減するための緊急対策を講じる
14	海洋	持続可能な開発のために海洋資源を保全し、持続的に利用する
15	生態系・森林	陸域生態系の保護・回復・持続可能な利用の推進、森林の持続可能な管理、砂漠化への対処、並びに土地の劣化の阻止・防止及び生物多様性の損失の阻止を促進する
16	法の支配等	持続可能な開発のための平和で包摂的な社会の促進、すべての人々への司法へのアクセス提供及びあらゆるレベルにおいて効果的で説明責任のある包摂的な制度の構築を図る
17	パートナーシップ	持続可能な開発のための実施手段を強化し、グローバル・パートナーシップを活性化する

用　語　● **MDGs（ミレニアム開発目標）**　2000年9月にニューヨークで開催された国連ミレニアム・サミットにて採択された、国際社会の目標である。2015年までに達成すべき8つのゴール、21のターゲット、60の指標が掲げられた。SDGsの前身である。

● **2030アジェンダ**　正式名称は「我々の世界を変革する：持続可能な開発のための2030アジェンダ」という。MDGsが2015年で終了することを受け、向こう15年間（2030年まで）の新たな持続可能な開発の指針を国連が策定したもの。SDGsを中核とする。

持続可能な社会

持続可能な社会とは、環境の保護、経済の活性化、公正さや公平性があることにより成り立つ、質の高い社会のことである。なお、持続可能な社会の構築には、バックキャスティングの考え方や ESD（持続可能な開発のための教育）の普及が重要である。

SDGs の特色や取り組み

貧困、不平等、紛争、環境問題、気候変動、資源の枯渇（こかつ）など、人類は、幾多の複雑な課題を抱えている。世界を構成するさまざまな立場の人々が話し合い、課題を整理、理解し、解決方法を考えて作り上げた持続可能な開発目標（SDGs）は、2030 年を目標年限として、それまでに達成すべき具体的な目標である。

国の取り組みとして、2017 年に SDGs アクションプラン 2018 を決定、① SDGs と連動した官民挙げての Society 5.0 の推進、② SDGs を原動力とした地方創生、③ SDGs の担い手である次世代や女性のエンパワーメント、を掲げている。

企業の取り組みとしては、リーマンショック以降、ESG 投資が普及し、SDGs への取り組みが促進され、CSR 報告書や統合報告書に記述されるようになった。

環境問題に限らず、さまざまな社会の課題と SDGs との関連を考察し、どのように目標達成に貢献できるかを広く考え、行動していくことが求められている。

用語

● **バックキャスティング**　未来のある時点に目標を設定し、そこに達するため現在すべきことを考える方法。反対に現在の能力と課題を前提に、その解決策を考える方法がフォアキャスティング。SDGs は 2030 年の社会を描き、現在、我々がなすべきことを問うているので、バックキャスティング法に立脚している。

● **Society 5.0**　これまでの情報社会（Society 4.0）から進展させ、仮想空間と現実空間を高度に融合させたシステムにより実現しようとしている。仮想空間に集積された膨大なデータに対し、AI 等を活用して解析結果を現実空間の人間等の構成員にフィードバックし、これまでにはできなかった新たな価値を産業や社会にもたらそうとしている。

● **ESG 投資**　投資活動の中で、環境（Environment）・社会（Social）・企業統治（Governance）に配慮した投資。かつて、環境への投資は企業活動の障害になると理解されていた時代もあったが、現在では健全な企業活動として不可欠な考え方と理解されている。企業経営者、投資家もこの方向を指向している。

◆ SDGs 実施指針の 8 つの優先課題

〈1〉あらゆる人々の活躍の推進	一億総活躍社会の実現、女性活躍の推進、子供の貧困対策、障害者の自立と社会参加支援、教育の充実
〈2〉健康・長寿の達成	薬剤耐性対策、途上国の感染症対策や保健システム強化、公衆衛生危機への対応、アジアの高齢化への対応
〈3〉成長市場の創出、地域活性化、科学技術イノベーション	有望市場の創出、農山漁村の振興、生産性向上、科学技術イノベーション、持続可能な都市
〈4〉持続可能で強靱な国土と質の高いインフラの整備	国土強靱化の推進・防災、水資源開発・水循環の取り組み、質の高いインフラ投資の推進
〈5〉省・再生可能エネルギー、気候変動対策、循環型社会	省・再生可能エネルギーの導入・国際展開の推進、気候変動対策、循環型社会の構築
〈6〉生物多様性、森林、海洋等の環境の保全	環境汚染への対応、生物多様性の保全、持続可能な森林・海洋・陸上資源
〈7〉平和と安全・安心社会の実現	組織犯罪・人身取引・児童虐待等の対策推進、平和構築・復興支援、法の支配の促進
〈8〉SDGs 実施推進の体制と手段	マルチステークホルダーパートナーシップ、国際協力におけるSDGsの主流化、途上国のSDGs実施体制支援

出典：首相官邸 HP 持続可能な開発目標（SDGs）推進本部会合（第 2 回）
「持続可能な開発目標（SDGs）実施指針の概要」

point SDGs は「持続可能な世界」を実現するための、いわばナビのようなものである。人類はいま、そのナビが示す方向に進めているだろうか。

　わが国は、本格的な少子高齢化・人口減少社会を迎えるとともに、地方から都市への若年層を中心とする流入超過が継続し、人口の地域的な偏在が加速化している。これは環境保全の取り組みにも影響を与えており、例えば、農林業の担い手の減少により、耕作放棄地や手入れの行き届かない森林が増加し、生物多様性の低下や生態系サービスの劣化につながっている。このように、わが国が抱える環境・経済・社会の課題は相互に密接に連関し、複雑化してきている。

　一方、世界に目を転じると、第四次環境基本計画が策定された 2012 年以降、地球規模の環境の危機を反映し、SDGs や「パリ協定」の採択など、国際的合意が立て続けになされている。

ゴロ合わせ　　　　　ESG 投資

いい	エース	爺	投手
（E	S	G	投資）

ESG 投資は、環境・社会・ガバナンスに
配慮した投資のことである。

01 生命の誕生と地球の自然環境

13 気候変動　14 海洋資源　15 陸上資源　　　　　重要度 ☆☆☆

生命の誕生と生物の進化

　約45億年前に誕生した地球で、水が継続的に存在できるようになり、海ができ、生命が誕生するようになったのが約40億年前と推定されている。当時の大気は二酸化炭素が主体で、酸素はわずかであったと考えられている。

　その環境に適合したバクテリアによる光合成、鉱物等への CO_2 固定などが数億年かけて行われ、二酸化炭素濃度の減少、酸素濃度の上昇がみられた。その酸素によりオゾン層が形成（6億〜4億年前頃）され、地上に降り注ぐ有害な紫外線が生物にとって生育可能な程度にまで吸収される環境が整い、植物、動物類が陸上に現れ、進化を遂げるようになったと考えられている。

オゾン層の形成と陸上生物の誕生

　海中では、増えた酸素が鉄分と反応して鉄を沈殿させ、堆積して現在の鉄鉱床を形成していったが、約20億年前になると鉄の沈殿が終わり、大気中にも酸素の放出が始まった。

　一方、空気中の二酸化炭素は海水中に溶けこみ、海水成分との化学反応で炭酸カルシウムとなって大量の石灰岩を形成していった。こうして大気中には酸素が増加し、二酸化炭素が減少していったと考えられている。

　約6億年前になると、大気中の酸素濃度が高くなり、生物に有害な紫外線を吸収するオゾン層が形成された。その結果、約5億年前には植物が陸上に出現し、木性シダ類の森林が作られた。さらに、約4億年前には動物が陸上に進出した。この頃にできたシダ林が地殻変動等で地中に埋まり、化石化したものが石炭（化石燃料）である。

哺乳類の時代へ

　約6,500万年前になると、それまで地球上に多く存在していた恐竜が絶滅し、哺乳類の時代が始まった。人間の祖先といわれている猿人がアフリカに登場した

のが約 800 万〜 400 万年前、現生人類（ホモサピエンス）が登場したのは約 20 万年前くらいと考えられている。

地球表面の資源

地球温暖化に大きく影響しているとされる石炭は、この頃に大気中の CO_2 を吸収しながら成長した木性シダ類が何らかの要因で地中に埋まり、化石化したものである。この石炭は化石燃料と呼ばれる。

また、海水中に含まれるさまざまな元素がさまざまな反応で鉱物として取り込まれ、地殻変動などを受けて、地層中や海底に溜まり、有用な資源として現在、利用している元素も数多い。

◆主な海底鉱物資源と特徴

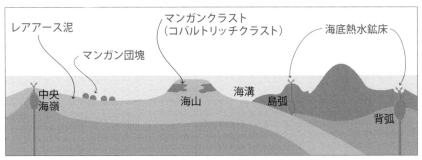

	レアアース泥	マンガン団塊	マンガンクラスト	海底熱水鉱床
含まれる有用金属	レアアース、特に中希土類元素〜重希土類元素に富む	マンガン、銅、ニッケル、コバルト、リチウム、モリブデン	マンガン、銅、ニッケル、コバルト、白金、モリブデン等	亜鉛、ゲルマニウム、銅、鉛、金、銀等のレアメタル

出典：国土交通省『海洋開発 工学概論』

用　語　●光合成　緑色植物が太陽光のエネルギーを用いて、二酸化炭素と水から有機物（炭水化物）を合成し、酸素を放出すること。
●オゾン層　オゾンは化学作用の強い気体で、有害な紫外線を吸収する。成層圏（地上約 12 〜 50 km の上空）に、大気中のオゾンの約 90 ％が集まり、オゾン層を形成する。
●化石燃料　古代のプランクトンや樹木などが、土の中で化石化し、生成されたもの。地中に埋蔵されている石油、石炭、天然ガスなどの資源のこと。

02 大気の構成と働き

13 気候変動　　　重要度 ★☆☆

大気圏の構成

　地球の上での最高峰であるエベレストでも標高 8,848 m であり、人類が活動する高度はこれ以下になる。高度約 10 km までの大気圏は対流圏と呼ばれ、その中で生命の維持に必要な空気や水の循環がなされている。地球の直径約 13,000 km と比較して、厚さとしてはその 1 ％に満たない部分に生物が生存して、生命を維持していることになる。また、地表の気温が生物の生存に適した温度に保たれているのは、温室効果ガスによるものである。

　対流圏の上層には成層圏、中間圏があり、それぞれ有害な紫外線を吸収するオゾン層、GPS 通信の障害を引き起こす電離層（電離圏）がある。さらに上層には熱圏があり、そこから人工衛星等の軌道へと続いている。

◆大気の構成

熱圏（高度：約 80 km 〜）

　生物に有害な太陽紫外線や X 線を吸収

　オーロラが見られる

　人工衛星などが周回

中間圏（高度：約 50 〜 80 km）

　流星、夜行雲が見られる

成層圏（高度：約 10 〜 50 km）

　オゾン層が存在

　オゾン層が生物に有害な紫外線

　を吸収

対流圏（高度：0 〜約 10 km）

　風雨などすべての気象現象が起こる

　酸素や二酸化炭素の供給を行う

　温室効果ガス（GHG）の効果により、適した温度を保持

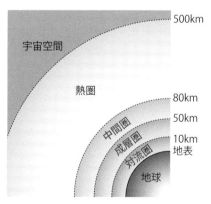

大気循環

対流圏では、緯度や地表の性状の違いによる日射や水蒸気含有量の違いなどで、さまざまな大気の流れ、降雨現象が起こる。これらは、台風あるいは集中豪雨による災害発生のほか、汚染物質の移動にも大きく影響を及ぼすことがある。

対流圏での大気の循環は、まず、太陽エネルギーが地面や海面を暖め、その熱が地表に近い部分の空気を暖める。暖められた空気は軽くなって上昇し、温度の低い上空で冷やされて再び下降する。これを繰り返して大気の循環が起きている。

また、低緯度にある暖かい空気が上昇して高緯度に運ばれ、高緯度の冷たい空気が空気の薄くなった低緯度に運ばれるということも繰り返されている。

大気の循環は大切な働きだが、大気汚染の原因となる物質も運んでくる。近年、黄砂やPM2.5などが中国大陸から風によって運ばれてきて、問題となっている。

用 語　●**電離層**　大気の上層部にある分子や原子が、太陽紫外線やX線の吸収などにより、イオンと電子に分かれた（電離した）領域。高度約60～1,000 kmに存在し、D領域、E領域、F領域に分かれている。

●**温室効果ガス（GHG）**　地表の赤外線の一部を吸収し、再び地表に向けて熱線を放射して地球を暖める働きをする気体の総称。二酸化炭素、メタン、一酸化二窒素などがある。

●**黄砂**　中国大陸内陸部の土壌や鉱物粒子が、数千mの高度まで巻き上げられ、偏西風に乗り日本に飛来する黄色い砂じんで、空や地面に茶褐色の砂ぼこりが舞い、降り積もる。過放牧による土地の劣化などが原因とされている。

ゴロ合わせ　　　　**大気の構成**

鯛と竜が　清掃して
（対流圏）　（成層圏）

チューを缶にしたら　熱が出た
（中間圏）　　　　（熱圏）

大気圏は、対流圏、成層圏、中間圏、熱圏の4層から構成されている。

03 水の循環と海洋の働き

06 水・衛生　14 海洋資源　　　　　　　　　　　　　　　重要度 ☆★☆

水の恵みと循環

　水は大気中に含まれ、前述の大気の循環に伴って運ばれる。また、雲は天空の貯水池としての働きをしている。河川の氾濫、集中豪雨災害などでの多大な量の水（淡水）が目につくが、その水量は海洋水の量に比べると非常に少ない。

point 　地球の表面にはたくさんの水が存在しているが、そのうち海水は97.5%、淡水は2.5％である。淡水のうちの3分の2は氷河や深層地下水として存在しており、生物は利用できない。したがって、表流水（湖沼・河川）、利用できる地下水などは貴重な淡水資源である。

海洋の恵みと循環

　海洋水は大気の流れに伴って移動、循環するもののほかに、海水密度差により発生する深層循環がある。これは海域ごとの温度、塩分濃度の差異による海水の密度差により発生することから、熱塩循環ともいわれている。この循環は長時間かけて、海洋中に固定した CO_2 の蓄積や海洋生物、気候変動への影響などが想定されていて、地球規模での影響解明が進められている。

海洋の役割

①淡水の供給と気温や気候の調節……海水は水循環によって、雨や雪となって地上に降り注ぎ、陸上生物が生きるために必要な水を供給している。水循環において、海水が蒸発する際には気化熱が奪われるため、大気の気温を下げ、気温が下がると海水から大気に熱が供給されるという熱や大気の循環が起こり、気温や気候の調節も行われる。

②二酸化炭素の吸収・貯蔵……海の表層の部分では、大気中の二酸化炭素が海水に溶け込んでいる。その二酸化炭素は、光合成により植物プランクトンの体内に吸収され、さらに多くの海洋生物の体内に取り込まれ、その死骸に含まれた

状態で海の底に沈み堆積・貯蔵される。このように、海洋生物が二酸化炭素を堆積・貯蔵する過程を生物ポンプといい、海洋は二酸化炭素の巨大な貯蔵庫として機能している。

③海洋大循環による気候の安定化……海の表層と深海底では、海水の大きな流れが起こっており、これを海洋大循環という。表層では、風や海水密度の差によって海流が生じている。海流には、暖流と寒流があり、陸地の気候にも影響を与えている。西ヨーロッパが高緯度にあるにも関わらず温暖な気候であるのは、付近を流れる暖流の影響と考えられている。深海における海流の原因は解明されていないが、北極あたりで海底に沈み込み、1,000年以上もかけて世界中の深海底をめぐり、再び北極付近まで戻ってくる。熱塩（深層）循環といわれるこの循環は、地球の気候形成に影響があると考えられている。

◆人為的炭素収支の模式図（2000年代）

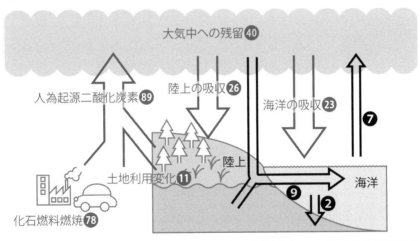

注）IPCC報告書（2013）を基に作成。各数値は炭素重量に換算したもので、黒の矢印及び数値は産業革命前の状態、赤の矢印及び数値は産業活動に伴い変化した量を表している。2000〜2009年の平均値（億t炭素）を1年あたりの値で表している。　　　出典：気象庁

point　**異常気象の原因となるエルニーニョとラニーニャ**
エルニーニョ現象…太平洋赤道域の日付変更線付近から、南米のペルー沿岸にかけての広い海域で、海面水温が平年に比べて高くなる現象。
ラニーニャ現象…エルニーニョ現象と同海域で、海面水温が平年より低い状態が続く現象。

04 森林と土壌の働き

13 気候変動　　15 陸上資源　　　　　　　　　　　　　　　　重要度 ☆☆☆

森林と土壌の恵みと働き

　生態系を形成する母体である森林と土壌は、陸上や海中の生物たちに栄養を供給し、炭酸同化作用や呼吸作用により大気中の CO_2 や酸素の濃度を安定させ、有機物を分解し、自然環境の物質循環を支えている。

　森林には、緑のダムとして洪水を調整し、土砂崩れ防止や雨水の浄化、二酸化炭素の吸収や酸素の供給などの働きがある。さらに、下表「森林の 8 つの機能」が知られており、いずれも環境、エコライフに直結した機能といえる。地球温暖化に直結する CO_2 固定として、森林国のわが国は適切に固定機能が評価されるように管理していく必要がある。食物連鎖の中で、植物の生産から最後の分解までも内部に抱える森林は、豊かな生態系の象徴といえる。

　日本の森林面積は約 2,500 万 ha で、国土の 66 ％を占めている。世界でも有数の森林国である日本は、美しい森林づくり推進国民運動など、積極的な活動が行われている。

◆森林の 8 つの機能

	機能分類	要素群
1	地球環境保全	**地球温暖化の緩和**（二酸化炭素吸収、化石燃料代替エネルギー）、地球の気候の安定
2	土砂災害防止／土壌保全	**表面侵食防止、表層崩壊防止**、その他土砂災害防止、雪崩防止、防風、防雪
3	水源涵養（緑のダム）	洪水緩和、**水資源貯留**、水量調節、水質浄化
4	快適環境形成	気候緩和、**大気浄化**、快適生活環境形成
5	保健・レクリエーション	療養、保養、行楽、スポーツ
6	文化	**景観・風致**、学習・教育、芸術、宗教・祭礼、伝統文化、地域の多様性維持
7	物質生産	**木材**、食料、工業原料、工芸材料
8	生物多様性保全	遺伝子保全、生物種保全、**生態系保全**

出典：日本学術会議答申
「地球環境・人間生活にかかわる農業及び森林の多面的機能の評価について」（平成 13 年）

熱帯林の役割

　世界には、熱帯林から亜寒帯林まで多様な森林があり、その中で、地球環境に重要な役割を果たしているのが熱帯多雨林である。

　熱帯林は、赤道周辺に分布し、地球上の森林面積の約4割を占めている。活発な光合成を行い、大量の酸素を供給するので地球の肺と呼ばれている。また、野生生物の宝庫ともいわれており、大型動物から微生物まで、多様な野生生物が生息している。熱帯多雨林、熱帯モンスーン林（熱帯季節林）、熱帯サバンナ林、マングローブ林という種類がある。

土壌の役割

　土壌は、植物に栄養や水分を供給し、植物の生存を支え、樹木の土台となっている。また、その植物を食べて生きている動物の生存も支えている。

◆土壌の中の生物

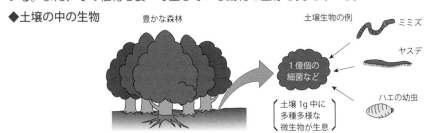

豊かな森林　　　　　　　　　　　　土壌生物の例

ミミズ

ヤスデ

1億個の細菌など

ハエの幼虫

土壌1g中に多種多様な微生物が生息

> **point**　土壌の役割　①樹木の生長を支える。②植物に養分を供給。③雨水を蓄え浄化。④陶磁器や建築物の基礎材料となる。⑤大気中の CO_2 を炭素として貯蔵。

用　語　●**緑のダム**　森林の土壌の中は、樹木の根がしっかりとはりめぐらされており、その表面は落ち葉に厚く覆われている。また、森林の土壌にはスポンジのように空間があり、雨水をしっかりと蓄えることができるので、緑のダムといわれる。
●**美しい森林づくり推進国民運動**　京都議定書森林吸収目標の達成など、国民のニーズに応えた森林を目指し、100年先を見据えた森林づくりを推進していく民間主導の国民運動。
●**水源涵養**　樹木と土壌が一体となって、雨水の貯留や流出を調節していること。落ち葉に覆われた厚い土壌には雨水が蓄えられる。

05 生物を育む生態系

生態系

　生物は、他の生物をえさにしたり、森をすみかとしたりして、他の動植物と互いに関係をもちながら生きている。また、気候や水、土壌や地形などの無機的環境とも深く関わって生きている。このような生物と無機的環境を総合的にとらえたものを生態系（ecosystem）という。

　生態系は、食物連鎖を通して物質が循環し、エネルギーが流れていく、地域的に閉じられたシステムであるといえる。

生物同士の関係

　多様な生態系が地球上に築かれる必要性が広く認識され、その確保に向けて多くの国々で真剣な取り組みがなされている。水、大気、光といった地球上で得られる資源を基に生産される多くの植物を一次生産物とし、それを飲食する生物で作るピラミッド的構成は、生物間の生存競争を想起させるが、その争いは健全な生態系の運営に不可欠なものともいえる。

①**食物連鎖**……生物は生きるために他の生物を食べている。まず、植物を草食動物が食べ、草食動物を肉食動物が食べ、肉食動物の死骸は微生物によって無機物に分解され、再び植物の光合成に利用される。この「食べる〜食べられる」関係を通じてエネルギーが移動していくことを食物連鎖といい、植物を「生産者」、動物を「消費者」、遺骸などを処理する土壌生物やバクテリアを「分解者」という。

②**生物濃縮**……環境中の化学物質が食物連鎖の各段階を経るごとに生物の体内で濃縮、蓄積され、汚染物質濃度が増加していくことを生物濃縮という。生態系ピラミッドを維持するためになされる、「食べる〜食べられる」関係のもとで、食べた生物の中で食べられた生物内の汚染物質の濃縮が行われ、ヒトが口にした際に汚染物質の健康危険性を伴う量を超えた汚染が迫ることがある。水俣病で知られる有機水銀汚染、イタイイタイ病のカドミウム汚染などがその例

である。

③**腐食連鎖**……食物連鎖の一種で、動植物の遺骸や排泄物などが微生物などに分解されて、栄養利用されることである。

④**種間競争**……生物が種の間ですみかや食物を奪い合うことで、近年、外来種と在来種の種間競争が問題となっている。競争を回避する行動は、棲み分けと食い分けである。

⑤**共生関係**……双方が利益を得る相利共生と、一方だけが利益を得る片利共生がある。

生物多様性確保の取り組み

　生物多様性を確保するために国連主導の条約が結ばれ、具体的な取り組みがなされている。2010年には名古屋でその条約に基づく第10回締約国会議が開催された。その会議では愛知目標を採択し、政府として、その実現に向けて支援を行っている。第15回締約国会議の第1部が2021年10月に中国・昆明で、第2部が2022年12月にカナダ・モントリオールで開催され、2050年までの意欲的な保全目標策定に向けて、各国が対策を強化することを申し合わせる動きとなった。

---

point　食物連鎖によって生態系は維持されており、生物の量は、生産者である植物、それを食べる一次消費者の動物、さらにそれを食べる二次消費者の動物、と少しずつ少なくなっていく。これを図として表したものを生態系ピラミッドという。頂点には上位種が立ち、イヌワシやクマタカなどの猛禽類、マグロやイルカなどの大型の魚類や哺乳類がこれにあたる。生態系ピラミッドが健全に保たれることが、生態系の維持につながる。

　また、生物濃縮により、生態系ピラミッドの上位にいるものほど汚染物質の影響を受けやすくなる。

用　語　●**食物連鎖**　食物連鎖は、生食（捕食）連鎖と腐食連鎖に大別される。この2つの連鎖が複雑にからみあって、自然界で物質循環の持続性を保っている。
●**外来種**　国内外を問わず、従来生息・生育していた場所から別の場所に移動し、そこで生息・生育する生物種のこと。
●**棲み分け**　同じ川で、上流部にすむ魚と下流部にすむ魚の共存行動。
●**食い分け**　同じ草原で、草の上部や根元を食べる動物と中間の茎や葉を食べる動物の共存行動。

06 人口問題と食料需給

| 02 飢餓 | 04 教育 | 06 水・衛生 | 07 エネルギー | 重要度 ★☆☆ |
| 09 産業革新 | 11 まちづくり | 12 生産と消費 | 14 海洋資源 | |

人口と環境問題

　わが国では人口減少傾向に移行しているが、世界では人口は増加しており、国際人口開発会議（ICPD）では、人口問題と持続可能な開発問題が新たに取り上げられた。国連は 2022 年に世界の総人口が 80 億人を超えたと報告し、2058 年には約 100 億人になると推定している。人口増加は、必要な食糧やエネルギーの調達に伴う土地利用変化、廃棄物の増加をはじめ、多くの環境負荷が懸念され、その影響がすでに顕著になっている地域もある。

　一方、人口減少が懸念されている国も日本を含めて欧米を中心に数多くあり、都市の荒廃による住環境悪化、耕作地の放棄、里山管理放棄など環境面での問題が起きている。

日本の人口動態

◆日本の人口及び人口構成

内閣府『令和 4 年版高齢社会白書』より

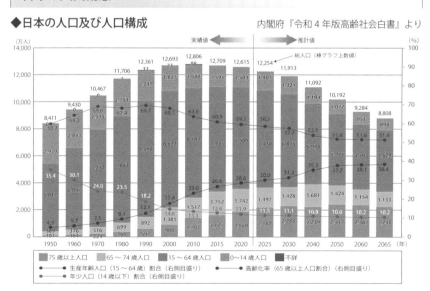

高齢化のスピードにおいて、わが国は世界一の少子高齢社会である。2022年9月時点の人口における65歳以上の人口は3,627万人、総人口に占める割合は29.1％であり、4人に1人を超える人が高齢者である。このまま少子高齢化が進むと、2065年には2.6人に1人が65歳以上、3.9人に1人が75歳以上になる。

都市部、地方の両方で高齢化が急速に進み、地方では里地里山の保全・管理の担い手不足による環境保全の問題や、限界集落の問題が深刻となっている。

食料需給

世界全体では人口増加を受け、食料需要量が増加している。新たな耕地の開発や肥料の調達による自然環境の破壊、資源の枯渇や、生態系への影響も懸念される。異常気象、砂漠化の進行や帯水層の縮小（地下水枯渇）などの水資源の制約により、供給量に影響を受けている。そのため、環境への負荷を抑えた食糧調達への取り組み、無駄な食糧廃棄を減らすような政策、努力が求められる。

温室効果ガス（GHG）排出を抑制したエネルギー調達の方策として、バイオマスが注目されているが、その導入には「エネルギー」と「食料」が対比されている。バイオエネルギーのGHG削減効果と、「食料」の持つ便益を対比させ、適切な選択がなされる必要がある。

食料自給率

先進国の食料自給率（カロリーベース）は、カナダやオーストラリアは200％以上、フランスや米国は約130％、ドイツは約95％である。日本は約40％で、諸外国と比較して低くなっている。主な原因は以下の2つである。

① 「食べたいものをとる」への変化……日本人の食事が、伝統的な日本食から洋風の食生活へ変化し、「とれたものを食べる」生活から、「食べたいものをとる」生活になった。油脂や肉類などの輸入、また、油の原料や畜産の飼料となる穀類も大量の輸入に頼っている。

② 安価な輸入品を選択……人件費が日本より低い海外の食材は、国産品より価格が安いため、輸入品が増加することになる。特に外食や加工食品は、海外からの輸入品や養殖品が多いようである。

> **point** 1965年から2021年の間に、日本の食料自給率は大きく低下し、生産額ベースでは86％→63％へ、カロリーベースでは73％→38％となった。

水産・畜産業の動向

漁船漁業生産量は、先進国であるEU、米国、日本などでは減少傾向だが、アジアの新興国である中国、インドネシア、ベトナムなどでは漁獲量が増加しており、中でも中国は世界の約15%を占めている。なお、**養殖業生産量**においても、中国とインドネシアで世界の約7割を占めている。また、世界の肉類の生産量は、中国など東アジアで大きく増加しており、今後は飼料作物の増産も不可欠となる。なお、鶏の飼育頭数はこの10年間で約1.3倍になっている。

◆世界の水産資源状況

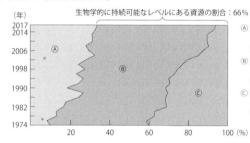

生物学的に持続可能なレベルにある資源の割合：66%

(年)
2017
2014
2006
1998
1990
1982
1974

Ⓐ **過剰利用または枯渇状態の資源**
（適正レベルを超えて漁獲されているか、既に資源が枯渇している）

Ⓑ **満限利用状態の資源**
（適正レベルの上限近くまで漁獲されており、これ以上の生産量増大の余地がない）

Ⓒ **適正または低・未利用状態の資源**
（適正レベルよりも漁獲量が少なく、生産量増大の余地がある）

出典：農林水産省『令和3年度水産白書』

穀物の動向

人口の増加や、食生活の変化に伴う肉類需要の増加による畜産物生産用の飼料穀物の増加などで、1999～2001年平均の18億tから、2024年には27億tまで50%増加すると見込まれている。しかし、土地利用変化の地球温暖化や水資源の制約などの影響で、需要のひっ迫に注意が必要である。

用語 ●**国際人口開発会議（ICPD）** 1994年にカイロで開催。1974年にブカレストで開催された世界人口会議で採択された「世界人口行動計画」を見直し、今後20年間を視野に入れた新たな「行動計画」を策定した。
●**帯水層** 地下水が蓄えられている地層で、水が流れにくい粘土質の不透水層に挟まれた、砂や礫からなる多孔質浸透性の地層で、穀物の生産を支えている。
●**バイオマス** 家畜の排泄物、生ごみ、木くずなどの動植物から生まれた再生可能な有機性資源（化石燃料を除く）のこと。
●**食料自給率** 消費する食料のうち、国内でまかなえる割合。食料の重さを用いる重量ベース自給率、食料に含まれるカロリーを用いるカロリーベース総合自給率、食料の価格を用いる生産額ベース総合食料自給率の3つの計算方法がある。

07 資源と環境

09 産業革新　　12 生産と消費　　　　　　　　　重要度 ☆☆☆

資源と環境への負荷

　現在の便利な社会を将来の世代まで持続させるには、金属や化石燃料など、枯渇性の資源を持続的に利用できるようにする必要がある。したがって、現在の社会で消費されるこれら資源の量を的確に把握して、持続可能な程度に使用を抑制する必要がある。あるいはそれらの資源を循環利用しやすい形態で生産・消費が行われる仕組みを作り、低環境負荷での再生技術の確立が重要になる。

地球の資源の枯渇

　人々が豊かな生活を求めた結果、エネルギーの大量消費、製品の大量生産廃棄が行われている。エネルギーを大量消費することは地球環境問題に大きく影響するばかりでなく、資源の枯渇という問題にもつながる。化石燃料は数千万年以上も前の動植物の死骸が堆積し、長い時間をかけて変化したもので、限りあるものである。資源量を知るためには可採年数が指標として使われている（下表参照）。

	レアメタル								
項　目	チタン	マンガン	クロム	ニッケル	コバルト	ニオブ	タングステン	タンタル	インジウム
可採年数	128	56	15	50	106	47	48	95	18

	金　属						化石燃料		
項　目	鉄鉱石	銅鉱石	鉛	スズ	銀	金	天然ガス	石油	石炭
可採年数	70	35	20	18	19	20	63	46	119

出典：環境省『平成 23 年版環境白書』より作成

　今後需要が増えると思われるレアメタルも、可採年数が 50 〜 100 年程度のものが多く、安定確保のためにも資源の有効活用を進める必要がある。廃棄物や家庭で使われずに保管されている製品に、有用な資源が含まれている。都市部で排出される廃棄物、特に、携帯電話、ゲーム機などの小型家電には、多くのレアメタルや貴金属が含まれており、都市鉱山とも呼ばれている。このような資源を確保するために、2013 年に小型家電リサイクル法が施行された。

経済成長と環境負荷

　先進国では、人々の豊かな生活が当たり前になり、エネルギーの**大量消費**とその結果としての**大量廃棄**が行われていたが、さまざまな努力を重ね、デカップリングに取り組んできた。近年は、途上国でも先進国なみの豊かさを追求するようになり、さらなるエネルギーの**大量消費・大量廃棄**につながっている。途上国も、先進国に学び、環境負荷を抑えた経済成長を達成する道筋をたどることが必要である。

　人々すべてが豊かになるために必要な資源、エネルギー、食糧があるのかどうか、また、その結果として二酸化炭素（CO_2）の排出量が増えて、地球温暖化がどこまで進むのかなどを考えて、資源・エネルギーを有効利用することが求められている。

◆**主な金属の地上資源と地下資源の推定量**

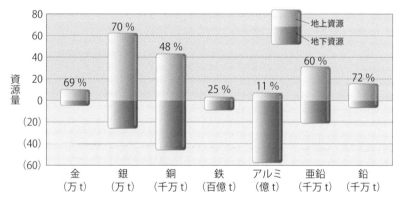

注）**地上資源**はこれまでに採掘された資源の累計量、**地下資源**は可採埋蔵量を示す（％値は地上資源比率）
資料：独立行政法人物質・材料研究機構
出典：環境省『平成 26 年版環境白書』

世界の経済成長

　世界の GDP は、1960 年以降大きく増加し、世界経済は拡大を続けてきた。しかし、サブプライムローン問題やリーマンショックなどの影響により、2008 年には先進国でマイナスに転じている。このような経済危機に対し、ESG 投資などの環境関連投資によって乗り切ろうとする、グリーンニューディールへと向かう動きがみられる。

経済と環境負荷

　経済が豊かになると、便利な生活を享受して環境負荷が増える傾向にあるが、省エネ性能の向上、循環型社会の構築などで、環境負荷軽減が達成できる。

　これまで多くの先進国では、自動車の排気ガスなどの環境問題に直面しながらも努力を重ね、経済成長と環境負荷の切り離し（デカップリング）に努めてきた。

　中国は経済成長に伴うCO_2の排出の伸びが著しく、韓国も同様の傾向を示しており、経済成長に伴うCO_2の排出が抑制されていない状況である。一方、経済成長と環境負荷増加のデカップリングに成功しているのは、スウェーデンである。日本は、CO_2の排出量は2007年まで増加傾向にあったが、経済の成長を維持しながらCO_2排出量を抑制してきた。なお、世界全体の傾向としては、経済成長とCO_2の排出量の増加を切り離すデカップリングはできていないものの、一部の国では、経済力を低下させずに環境負荷を軽減している。

用　語

●**可採年数**　現状のままの生産量で、あと何年生産が可能であるかを示す。確認埋蔵量を年間生産量で割って算出できる。新しい油田・ガス田や鉱床が発見されたり生産量が少なくなったりすれば、可採年数は増える。

●**レアメタル（希少非鉄金属）**　特定の用途では高い機能を発揮し、自動車、IT製品などの製造には不可欠である。リチウム、クロム、白金、パラジウム、レアアースなど31種類がある。地球上の存在量が少ないか抽出困難であるものなどは、廃棄物や家庭に保管されているものなどから取り出せるため、再資源化の促進が望まれる。

●**デカップリング**　経済成長と環境への負荷増加を切り離す考え方である。経済活動の活発化に伴い、汚染物質排出量や資源利用量は増加するが、生産の効率化や環境対策強化により汚染物質排出量などを減少させることができる。

— column —

都市鉱山からつくる！みんなのメダルプロジェクト

　東京2020オリンピック・パラリンピックのメダルは、日本全国に回収ボックスを設置して、回収された**小型家電（携帯電話・パソコン・デジカメ・ゲーム機**など）から抽出された金属を原材料としてリサイクルしたもので、約5,000個のメダルが製造された。2017〜2019年度の2年間で回収された金属量は、金32kg、銀3,500kg、銅2,200kgとなった。

08 貧困や格差

01 貧困　　10 不平等　　　　　　　　　重要度 ★☆☆

貧困と環境

　世界銀行では 1 日に 1.9 米ドル（約 250 円）以下で暮らす人が極度の貧困状態とされている。地球上の人々の 1 割以上の人が該当していると推計されている。

　貧困、飢餓の撲滅は SDGs の目標の 1、2 番目に掲げられており、森林、土地利用や都市環境への影響に限らず、人類共通の課題として認識されている。

　日本も貧困の問題が顕在化している。先進国（OECD 加盟国）の中でも、日本は貧富の差が大きいと認識され、子どもの貧困問題が課題視されている。

　1992 年の地球サミットでは、「リオ宣言」や「アジェンダ 21」などの具体的行動計画が示され、2002 年には、ヨハネスブルグサミットで「持続可能な開発に関するヨハネスブルグ宣言」と貧困撲滅や天然資源の保護と管理などが盛り込まれた「ヨハネスブルグ実施計画」が採択された。リオ宣言の第 6 原則では、「開発途上国、特に最貧国及び環境の影響を最も受け易い国の特別な状況及び必要性に対して、特別の優先度が与えられなければならない」とされた。

　貧困が原因で環境保全に目を向ける余裕がない発展途上の国や地域が、数多く存在している。国際的な取り組みとして、そうした発展途上国、地域に対しては、生活水準を向上させながら、貧困による環境問題を減少させる方策も考えなければならない。途上国への援助や、資源の有効利用を助けるなどの協力を行い、貧困による環境破壊を防止することなどが重要になっている。

世界の格差

　国の中で、所得が適切に分配されずに差がおこり、結果として貧困世帯が形成されている所得格差を表現するジニ係数では、日本は緩やかに悪化の傾向がみられてきた。24 か国の OECD 加盟国の中でも平均値に近い値を示しているが、最近の調査では若干の好転傾向がみられる。所得だけでなく、享受するサービスや豊かな生活感の面からの機会均等が期待される。

生活の質

　持続可能な社会の実現には、環境や経済的な指標も重要だが、それだけではなく、人としての暮らしの質を評価する必要がある。OECD より公表された「How's Life?」は 11 項目のより良い暮らし指標を設定し、環境・経済・社会の持続可能性の状況を測っている。2020 年のレポートによると、国によって幸福度が異なり不平等が残されているので、さまざまなリスクが将来をおびやかしている。

◆より良い暮らし指標

①住宅
- 基本的衛生条件
- 家の値頃感
- 1 人当たりの部屋数

②所得
- 家計の収入
- 家計の純資産

③雇用
- 雇用・雇用不安
- 所得・仕事のストレス
- 長期的失業率

④社会とのつながり
- 社会的支援

⑤教育と技能
- 学歴・成人の技能
- 15 歳の認識能力

⑥環境の質
- 大気の質・水の質

⑦市民生活とガバナンス
- 投票率
- 政府への発言権

⑧健康状態
- 寿命
- 健康状態の認識

⑨主観的幸福
- 生活満足度

⑩個人の安全
- 殺人件数
- 夜間の治安

⑪仕事と生活のバランス
- 労働時間
- 休暇

用語

● **OECD（経済協力開発機構）**　国際経済全般について協議することを目的とした国際機関。欧州経済協力機構（OEEC）の後、欧州と北米が対等に自由主義経済の発展の協力を行う機構として 1961 年に設立。日本は 1964 年に非欧米諸国として初めて加盟。

●**ジニ係数**　所得配分の不平等を示す指標で、0〜1 の間の数値で表され、0 が完全平等の状態、1 に近づくほど格差が大きいことを表す。

●**極度の貧困状態**　人が生きていくうえで、衣食住が必要最低限なレベルに満たない生活のことである。2015 年までは 1 日に 1 人当たり購買力平価（PPP）に基づき、1.25 米ドルであったが、物価の変動により現在では 1.9 米ドルとなっている。

01 地球温暖化の科学的側面

07 エネルギー　13 気候変動　　　　　　　　　　　　重要度 ★★★

地球温暖化と温室効果のメカニズム

地球の温度は、太陽から放射されるエネルギーのほか、地盤から伝わる熱、地球上での活動などさまざまな要因が影響している。近年、産業化による多量の化石燃料消費に伴い発生する物質が大気中に放散され、その物質が温暖化に影響することが判明してきた。その物質が地球に注ぐ太陽からの熱を地球上にとどめ、その熱を宇宙に放出することを減らすことが知られるようになり、温室効果ガス（GHG）として排出抑制策がとられてきている。

GHGの存在により、人類をはじめ多くの生物は生存に適した環境を得て、豊かな環境を作り出してきた。しかし、さらなるGHGの増加による極端な温暖化は、その豊かな環境を壊しかねないことが指摘され、我々も実感してきているところである。

◆温室効果のメカニズム

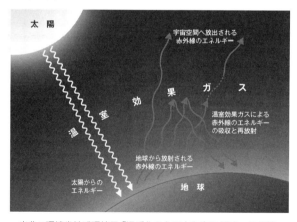

出典：環境省地球環境局「温暖化から日本を守る 適応への挑戦」

GHGの大気中
濃度の上昇 温室効果による
地表温度の上昇 地球温暖化

温室効果ガス（GHG）

温室効果ガス（GHG）は、炭素を含む物質を燃やすと発生する二酸化炭素（CO_2）が広く知られているが、そのほかにも有機物の腐敗や発酵などで発生することが知られているメタン（CH_4）や、条件によって燃料等の燃焼時に発生する一酸化二窒素（N_2O）をはじめ、GHG は多くの気体が知られている。

これらのガスは、排出される単位質量当たりの地球温暖化への影響を CO_2 と比較した値である地球温暖化係数（GWP）で表されるが、メタンは 20 倍以上、冷蔵庫などに使われてきた特定フロンには 10,000 倍以上の値を持つものもある（下表参照）。

◆ IPCC で指定されている温室効果ガス（GHG）6 種と地球温暖化係数（AR5 の値）

温室効果ガス（GHG）	地球温暖化係数
二酸化炭素（CO_2）	1
メタン（CH_4）	28
一酸化二窒素（N_2O）	265
ハイドロフルオロカーボン類（HFCs）	4 ～ 12,400
パーフルオロカーボン類（PFCs）	6,630 ～ 11,100
六フッ化硫黄（SF_6）	23,500

出典：環境省「IPCC report communicator ガイドブック ～基礎知識編～ WG3 基礎知識編」より作成

GHG 濃度の上昇

産業化が進むまでは、CO_2 の大気中の濃度は 300 ppm 付近で安定していたが、産業革命によるエネルギー利用が飛躍的に伸びるにつれ、濃度の増加が著しい。2010 年以降は 400 ppm を超える計測値が記録されている。自然には環境を修復する機能があり、CO_2 に関しても、植物による光合成での固定や、海による吸収などで極端な濃度上昇が防がれている。しかし、急激な工業化によってこの修復限界を超え、近年の GHG 濃度上昇とそれに伴う気温上昇を招いている。

point CO_2 濃度上昇の原因は、化石燃料の大量消費にある。産業革命後、石油・石炭・天然ガスなどの化石燃料は工業分野での動力や、船舶・自動車・飛行機などの輸送分野でのエネルギーなどに利用されてきた。また、熱帯雨林の伐採による CO_2 吸収量の減少も濃度上昇の一因である。

IPCC による科学的知見

　地球温暖化に関しては、長期かつ広範囲のデータ収集と分析を行い、今後の影響の予測を進めて適切な政策により負の影響を極力明らかにして、地球温暖化に対しては懐疑的な意見を持つ人を説得できるような施策の決定と活動が必要になっている。そのため、気候変動に関する政府間パネル（IPCC）が国連機関として科学的な知見を取りまとめている。現在、第6次評価報告書の公表がなされている。

　これまでの報告によると、地球の平均気温の上昇とGHG排出量は密接に関係し、気温上昇2℃未満を達成するためにCO₂排出量を今世紀末にゼロにする必要が述べられている。

第6次評価報告書

　IPCCの第5次評価報告書（AR5）は2014年に、第6次評価報告書（AR6）は2020年に公表された。以前の版と同様に広範な調査に基づいて作成されている。

　報告書は気候変動に関する科学的および社会経済学的な知見を更新するものであり、各部会の所掌する分野を代表する世界中の多数（一説では数千名に及ぶ）の執筆候補者の中から選ばれた800人以上が執筆している。幾度もの専門家会合や執筆者会合を経て作成作業が進められる。膨大な学会等の研究発表論文などを集約し、第1作業部会（自然科学的根拠）、第2作業部会（影響・適応・脆弱性）、第3作業部会（気候変動の緩和策）で関係分野の記述を進めて報告書がまとめられている。この評価報告書は各国での実際の対策などに使用されていることから利害をもたらす場合もあり、議論、内容の誘導などの情報が絶えない。

　第1作業部会による結論のまとめは「政策決定者向け要約」（SPM）として以下の内容を発表している。

　温暖化による影響は1950年以降に、歴史上かつてなかった規模で発生している。その主因が人間の影響によるものである可能性が「極めて高い」。

　現行を上回る追加的な温暖化ガス排出削減努力がないと、たとえ適応策があったとしても、21世紀末までに温暖化が世界全体にもたらすリスクは大変高い。

　産業革命前と比べて温暖化を2℃未満に抑制する可能性がある対策は想定されるが、一層の経済的・社会的・制度的課題が伴う。しかし、排出量の削減はその実行が遅れるほど、関連するコストは一層高くなる。

◆気温上昇と CO_2 累積排出量の関係

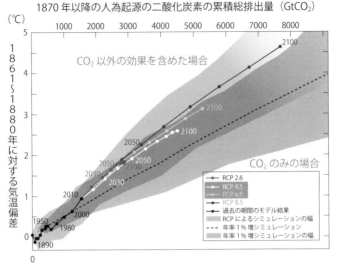

注）Gt：10億t　tCO₂：二酸化炭素の重量に換算したもの
出典：環境省「IPCC 第 5 次評価報告書の概要 – 第 1 作業部会（自然科学的根拠）（2014 年 12 月改訂）」

RCP とは代表濃度経路シナリオで、IPCC は RCP 2.6（低位安定化シナリオ）、RCP 4.5（中位安定化シナリオ）、RCP 6.0（高位安定化シナリオ）、RCP 8.5（高位参照シナリオ）の 4 つを予測している。

RCP 2.6（低位安定化シナリオ）は将来の気温上昇を 2℃以下にとどめるという目標を前提に考えられた排出量の最も低いシナリオで、RCP 8.5（高位参照シナリオ）は 2100 年における温室効果ガス排出量の最大排出量に相当するシナリオである。

用　語　●**赤外線**　可視である赤色光よりも波長が長く、ミリ波長の電波よりも波長の短い電磁波。
●**地球温暖化係数（GWP）**　温室効果ガス（GHG）が地球温暖化に影響を与えるレベルを表した数値。CO_2 を 1 としている。
●**ppm**　parts per million の略語。100 万分の 1 を意味し、CO_2 濃度が 400 ppm というとき、大気 $1m^3$ に CO_2 が 400ml 含まれている。
●**気候変動に関する政府間パネル（IPCC）**　1988 年設立の国連の組織。各国の政府代表、研究者等によって最新の知見を集め、また、科学的な情報を分析。評価報告書を公表することで気候変動への対策を科学的に実証している。2007 年にノーベル平和賞を受賞。

02 地球温暖化 —— 緩和策と適応策

07 エネルギー　13 気候変動　15 陸上資源　　　重要度 ☆☆☆

地球温暖化への対策

　地球温暖化は GHG 排出が主な原因であることがこれまでの観測で明らかになっており、わが国の場合、GHG の中でも CO_2 排出が GHG 全体の 90 % 以上を占めている。しかも、この CO_2 は化石燃料の燃焼により排出したものである。したがって、この化石燃料起因の CO_2 排出抑制が地球温暖化に大きな効果をもたらす対策であることがわかる。

　エネルギー利用は産業、交通、民生分野で利用形態が特徴づけられる。産業でのエネルギー利用はプロセスの改善や低炭素燃料の導入による排出低減、交通ではクリーン燃料や電力導入、民生では省エネや低温排熱の利用促進などが中心になっているが、数多くの技術の開発・導入に向けた制度の確立、国民レベルでの意識の向上などが有機的に機能することが求められている。

　政府は 2050 年までに GHG 排出を実質ゼロにすると明言している。高い目標であるが、個々の現場でその特性に合った削減策を実施し、PDCA サイクルで高い目標を達成することが必要であろう。

緩和策と適応策

　GHG の排出削減・吸収対策を行うことが「緩和」で、その例が省エネへの取り組みや、再生可能エネルギー導入などの低炭素エネルギー化、CO_2 固定および隔離技術などの普及、植物等による光合成の促進といった CO_2 の吸収源対策などである。

　それらに対し、実際に起こりつつある気候変動影響の防止・軽減のための備えと、新しい気候条件の利用を行うことが「適応」である。渇水、豪雨、洪水対策や温暖化環境に強い新たな農作物の開発・栽培や、高温下で発生が頻発するデング熱や熱中症等のリスク削減、警告システムの開発・導入などがその例である。

　適応は、気候変動の影響によるリスクを低減できるが、特に気候変動の程度が大きく、速度が速い場合には、その有効性には限界がある。

　長期的な視点から、より多くの適応策に確実に取り組むことが、将来での実質的な温暖化緩和の効果を導き、備えを強化することにつながる。

◆エネルギー起源CO₂に関する緩和策（例）

出典：環境省『平成 28 年版 環境白書』より作成

部　門	内　容
産業	FEMS 等によるエネルギー消費の可視化を通じた設備の運用改善
業務その他	新築建築物の**省エネ**基準への適合義務化、低炭素建築物の普及等による建築物の省エネ性能の向上、高効率業務用給湯器や **LED** 等高効率照明の導入
家庭	**ZEH** 等の高度な省エネ性能住宅の普及推進、既存住宅の省エネリフォームの推進、HEMS や**スマートメーター**を利用した徹底的なエネルギー管理
運輸	**トップランナー**制度の燃費基準による燃費向上、次世代自動車の導入支援、トラック輸送の効率化、共同輸配送やエコドライブ等の推進

　緩和策は、実質的に GHG 排出量を削減する策が多く見受けられ、使用燃料や資源消費の削減に直結する場合が多い。一方、消費削減により生活の質（QOL）が低下し、精神的な限度を超えた場合の効果、QOL の低下分を補おうとする行動（リバウンド効果）にも考慮が必要である。

　緩和策の実施に伴う実際のエネルギーや資源消費量の増減、それに起因する環境への影響を確かに見極めて的確な緩和策として取り組むことが必要である。

◆地球温暖化への適応策（例）

出典：環境省『平成 29 年版 環境白書』より作成

分　野	基本的な施策
農業、森林・林業、水産業	**高温耐性**品種の開発・普及、病害虫対策、山地災害発生への対策、治山施設や森林の整備、漁場予測の高精度化
水環境・水資源	**排水**対策、既存施設の徹底活用、雨水・再生水の利用
自然災害・沿岸域	災害リスク評価を踏まえた施設整備、海象のモニタリング
健康	気象情報の提供や注意・喚起、蚊媒介感染症の発生防止
産業・経済活動	損害保険協会等における取り組みを注視
国民生活・都市生活	地下駅等の浸水対策、港湾の事業継続計画の策定

　健康面、生活面、産業面等々、さまざまな側面から幅広い効果で適応性を高める策が提案されて、その実現は期待が高いといえる。しかし、社会や制度の変化を伴うものも多く、多額のコストが想定されるもの、不確実性の高いものも多い。

　適切な策の効果的な導入にはコスト便益の分析、客観性の確保、研究の高度化と掘り下げた解析により、透明性の高い環境で優先度を定めることも求められる。

03 地球温暖化問題に関する国際的な取り組み

07 エネルギー　13 気候変動　17 実施手段　　　　　　重要度 ★☆☆

国際的な取り組みと経緯

地球温暖化は地球環境問題の中心的課題と認識されており、その取り組みを確実なものにするには国際間の取り組みが不可欠であることが容易に推定される。

1992年のリオデジャネイロでの環境と開発に関する国連会議で採択された気候変動に関する国連枠組条約（国連気候変動枠組条約・UNFCCC）は、1994年に発効した。その条約の下、GHG排出削減に向けて批准国間でGHG排出量調査の方法や実績の調査、削減目標の設定、実施に係る協議を重ねてきている。

◆国際交渉の経緯

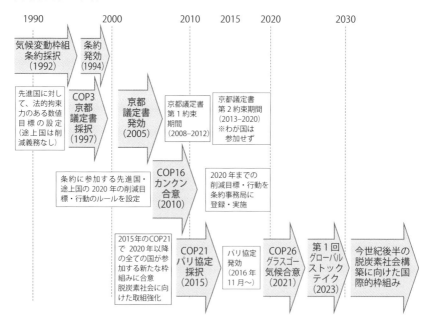

出典：環境省HP「気候変動の国際交渉 世界中で何が起こっているの？ ～地球温暖化対策の国際交渉の概況～」等より作成

2℃目標の設定

現在は 2015 年に採択されたパリ協定に沿った取り組みが進められており、目標として世界の平均気温上昇を産業革命前と比べて 2 ℃より十分低く抑え（2℃目標）、1.5 ℃に抑える努力を求めている。そのために、21 世紀の早い時期に GHG 排出量を実質的にゼロにする必要が認識されている。

◆世界のエネルギー起源 CO_2 の国別排出量（2019 年）

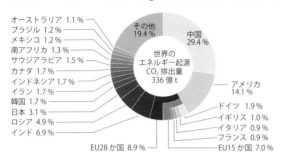

注）EU15 か国は、COP3（京都会議）開催時点での加盟国数である
出典：環境省 HP『気候変動の国際交渉』

パリ協定の発効と評価

この条約では各国が GHG 排出削減への取り組みを作成して実施するが、「排出ギャップ報告書」によると、加盟国の削減計画を積み上げても、前述の目標の達成には削減量が不十分であることを報告している。

日本としては、二国間クレジット制度（JCM）を活用して、途上国の GHG 排出削減に貢献し、わが国の削減目標の達成を図っている。そのため、多くの国々と必要なルール、ガイドライン、方法論など協議を重ねてきている。

◆グラスゴー気候合意における各国の GHG 削減目標

	パリ協定〈2016 年〉	グラスゴー気候合意〈2022 年〉
EU	2030 年までに少なくとも△40 %（1990年比）	△55%（1990 年比）
米国	2025 年に△26 ～△28 %（2005年比）	△50%（2005 年比）
ロシア	2030 年までに△25 ～△30 %（1990年比）	△30%（1990 年比）
中国	2030 年までに GDP あたり CO_2 排出量△60 ～△65 %（2005 年比）	GDPあたりCO_2排出△60 ～△65%（2005年比）以上、メタン等も取り組みに追加
日本	2030 年度までに△26.0 %（2013 年度比）	△46%（2013 年度比）
インド	2030 年までに△33 ～△35 %（2005年比）	GDP あたり△33 ～△35%、2030 年までに再エネ 50%（2005 年比）

出典：『国連気候変動枠組条約事務局 NDC ポータル』より一部抜粋

グラスゴー気候合意

イギリス・グラスゴーでの COP 26 は、GHG 削減目標を引き上げることが大きなテーマであった。1.5 ℃目標を目指すことが明記されたグラスゴー気候合意では、石炭火力発電所のフェーズアウト（段階的廃止）は、中国やインドの反対により、表現を弱めるフェーズダウン（段階的削減）を行うことで合意された。

また、長期戦略におけるネットゼロ排出の宣言もなされた。

用　語　●**京都議定書**　1997 年に京都で開催された締約国会議（COP3）で採択された。GHG 削減について、法的な拘束力をもった数値目標を設定。先進国全体で 1990 年の約 5 ％の削減達成を定めた。また、京都メカニズムが導入された。
●**カンクン合意**　2010 年、COP16 で合意された文書。2050 年までの世界レベルでの排出削減の目標を共有し、途上国への支援や先進国の GHG 削減策について定めている。
●**パリ協定**　2020 年以降の国際的枠組みを定めた協定。COP21 で採択された。2016 年発効。2 ℃目標や緩和策・適応策などが盛り込まれている。
●**グローバルストックテイク**　パリ協定の実施状況を 5 年ごとに確認し、取り組みについて評価する。
●**排出ギャップ報告書**　国連環境計画（UNEP）が公表。NDC の排出削減目標量の合計と、2 ℃目標を達成する場合に必要な排出削減量には 60 ～ 110 億 t–CO_2 もの差があるとしている。この差をギガトンギャップという。
● **NDC**（**国が決定する貢献**）　GHG の削減目標を決定して取り組むもの。パリ協定で締約国が作成し、提出するように求めている。

ゴロ合わせ　　**京都議定書、カンクン合意、パリ協定**

教頭先生は
（京都議定書）
覚悟の上で　出ずっぱり
（カンクン合意）　　（パリ協定）

1997 年の京都議定書、2010 年のカンクン合意、2015 年のパリ協定はまずこの順番をおぼえ、先進国から世界全体の取り組みへと広がる流れをイメージしたい。

04 日本の温暖化対策（国の制度）

07 エネルギー　12 生産と消費　13 気候変動　17 実施手段　　　重要度 ☆☆☆

地球温暖化対策推進法

　わが国の温暖化対策は、「地球温暖化対策の推進に関する法律」（温対法）により枠組みが定められている。この法律では温暖化対策を総合的に推進する機関として総理大臣を長とする地球温暖化対策推進本部が内閣に設置されている。そこでは地球温暖化対策推進大綱が定められ、必要に応じて改訂が施されつつ、対策の全体像が示されている。また、法律に基づいて、事業者が行う算定・報告・公表制度の導入や地球温暖化防止活動推進員や全国地球温暖化防止活動推進センター（JCCCA）の設置などさまざまな主体から温暖化防止対策に取り組んでいる。

point　新たな試み——カーボンプライシングとカーボンオフセット

① カーボンプライシング…炭素（CO_2）排出削減を増進させるため、炭素税や排出量取引といった市場原理を活用した経済的手法。世界銀行の定義では"炭素排出に価格をつけることにより、排出削減および低炭素技術への投資を促進すること"となっている。

　炭素税や排出量取引は明示的カーボンプライシング（炭素の排出に応じて価格をつける政策）、エネルギー税や補助金などは暗示的カーボンプライシング（炭素の削減を促す効果のある政策）と区別する場合もある。

② カーボンオフセット…可能な限りのGHG削減努力を行っても回避できずに排出される場合、排出量に見合ったGHG削減活動に投資すること等により、排出されるGHGを埋め合わせるという考え方。確実に埋め合わせられているか科学的に求められる必要がある。わが国では、民間企業等が独自にカーボンオフセットに取り組む基盤が整備されたものと位置づけ、民間主導の制度となっている。

用　語　●地球温暖化防止活動推進員　温暖化防止の取り組みを図り、普及活動等を行う。都道府県知事が委嘱する。
●全国地球温暖化防止活動推進センター（JCCCA）　地球温暖化対策推進法のもと、2010年に設立。全都道府県に地域センターがある。

05 地方自治体・国民運動の展開

07 エネルギー　12 生産と消費　13 気候変動　17 実施手段　　　重要度 ★☆☆

さまざまな実施主体による活動

　地球温暖化の対策は、広く国民が取り組むことが実効上、必要になる。その実施主体を取りまく、企業・自治体・市民・非営利活動法人（NPO）によるさまざまな取り組みについて、内容を整理して理解を深めておくことが重要である。

◆地方自治体の活動

　地方自治体では、公共団体でも経済的誘導策、社会的な支援策を講じ、GHG排出削減に向けた取り組みを推進している。最近では、行動経済学（ナッジ理論）に基づく仕掛けにより、「ムリなく自発的な行動変容」を促し、消費者の選択を省エネ、環境調和性に導くような手法を採用するなど、工夫を凝らしている。

　地方自治体では地球温暖化対策推進法により、地方公共団体実行計画の策定が義務づけられている。地方独自の取り組みとして、排出量取引制度や、コンパクトシティなどエコまち法によるまちづくり計画、スマートシティの広がりなど多様な形を見せている。また、2021 年には地域脱炭素ロードマップが策定された。このように 2050 年の GHG 排出量ゼロに向けての取り組みを表明した地方自治体をゼロカーボンシティという。

◆市民運動、国民の意識向上

　市民運動や NPO による活動も着目されている。全国で地球温暖化対策地域協議会が設立され、地方自治体の温暖化対策への提言などの活動を行っている。

　私たち国民の意識の向上も求められている。既に定着しつつあるクールビズや、COOL CHOICE（クールチョイス）など、環境保全への取り組みの普及がなされている。

◆企業の活動

　経団連（日本経済団体連合会）がまとめている各業界団体による低炭素社会実行計画がある。これは GHG 排出削減を目的とした日本の経済界による自主的な取り組みである。SBT や RE100 の取り組みも進められている。

　産業界では、経済的な連鎖により活動を行っており、環境（E）、社会（S）、企業統治（G）面から持続性への寄与を推進する企業への投資（ESG 投資）、GHG

削減に寄与するプロジェクトに必要な資金を支援するグリーンボンド、エコブランディングなどがある。

脱炭素社会への戦略

　日本は2020年の国会で総理大臣が、GHG排出量を2050年までに実質ゼロとする目標を宣言し、脱炭素社会を目指して進むことになる。具体的にどのような施策でそれを可能にしていくのか、真剣な議論と取り組み、国内外のすり合わせが積極的に行われると思われる。

> **point　脱炭素社会に向けての3つの基本**
> ①産業・都市・社会構造を脱炭素化→重化学工業からソフト産業へ、省エネ型の生活様式へ　など
> ②エネルギー効率の向上→各施設の省エネ化、低炭素自動車の普及　など
> ③供給エネルギーの見直し→ CO_2 発生を抑えるエネルギーの選択

用　語
- ●**排出量取引**⇒ P.124
- ●**コンパクトシティ**⇒ P.104
- ●**エコまち法**　「都市の低炭素化の促進に関する法律」の略称。低炭素化に向けた基本方針を定め、市町村の低炭素まちづくりの計画等への取り組みを推進。
- ●**スマートシティ**　先端技術を駆使し、エネルギー利用や人・ものの流れを効率化し、省資源かつ利便性の高い基盤を整えた都市。
- ●**地域脱炭素ロードマップ**　地域の成長戦略になる地域脱炭素の行程と具体的な対策を示すもの。特に2030年までに集中して行う取り組みや施策。
- ●**クールビズ**　夏場にネクタイや上着を省いた軽装のこと。エアコンの設定温度を28℃にして、電力の消費を抑え、CO_2 削減の一助となる狙いがある。
- ●**COOL CHOICE（クールチョイス）**　CO_2 削減目標の達成のために省エネの製品・サービス購入や行動などにおいて「賢い選択」を促す国民運動。
- ●**SBT、RE100**　SBTはパリ協定の目標に合わせたGHG排出削減目標で、RE100は使用電力の全部分で再生エネルギーを使うこと。企業の自主的な取り組み。
- ●**ESG投資**⇒ P.20、P.142
- ●**グリーンボンド**　国内・国外で環境問題に対するプロジェクトに必要な資金を集めるための債券。企業や地方自治体が発行している。
- ●**エコブランディング**　企業等の戦略において、エコを主体としてブランドイメージを形成すること。

06 エネルギーと環境の関わり

エネルギーの生産と環境への影響

　18世紀に登場した蒸気機関が工業の発展に寄与し、産業革命を導いたとされる。それとともに、機関の燃料として、石炭、石油、天然ガスなどの化石燃料が多用され、数多くの公害を引き起こし、現在でも工場からの煤塵、自動車からの排ガスなどに影響を受けている国民が多い。

　燃料の燃焼に伴う排気ガスによる影響のほか、燃料採掘時に発生する汚染物質、輸送中の事故、排熱による熱環境汚染、放射性物質の拡散などが問題となっている。化石燃料のみでなく、**再生可能エネルギー**も風力発電時の低周波騒音やバードストライク、太陽光発電システムの土地利用問題や電磁ノイズなども指摘されている。

　莫大なエネルギー需要に対応する供給体制から、さまざまな環境負荷が生まれている。そのもとで健康的な生活を高めるには、省エネルギーによりエネルギー負荷を軽減することが求められる。

point エネルギーの利用は、次のように行われる。

用語 ●**化石燃料**　地中に堆積した動植物の死骸によって変成された石炭、石油、天然ガスなどの燃料。それらを燃焼して得られるエネルギーを化石エネルギーという。
●**一次エネルギー**　石油、石炭、天然ガス、原子力、水力、太陽、地熱など自然から直接得られるエネルギー。
●**二次エネルギー**　一次エネルギーをガソリン、灯油、都市ガス、電力など人間が使いやすい形にしたもの。

07 エネルギーの動向

07 エネルギー　　　　　　　　　　　　　　　　　　　　　　重要度 ☆☆☆

今後のエネルギー需要

　人口と経済成長によるエネルギー消費の増加は、一部、相関が弱まっている傾向が近年みられるものの、基本として依然、強い相関が認められる。主に経済的な理由から、世界では一次エネルギーとして石炭、石油、天然ガスを中心とした化石燃料に依存している国が多い。パリ協定に沿った政策を進める国々では、再生可能エネルギーへの転換が進められようとしている。しかし、電力だけをみても、再生可能電力は 2030 年で全体発電量の 20%強と見込まれているにすぎず、経済性、安定性、安全性、入手の容易性など、一層の市場適合性が期待される。

◆世界のエネルギー供給展望（エネルギー源別、一次エネルギー供給量）

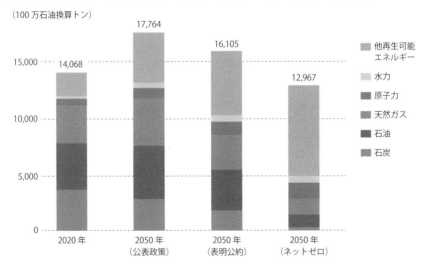

（100 万石油換算トン）

	他再生可能エネルギー
	水力
	原子力
	天然ガス
	石油
	石炭

資料：IEA「World Energy Outlook 2021」
出典：資源エネルギー庁『エネルギー白書 2022』

用 語　●再生可能エネルギー⇒ P.57

08 日本のエネルギー政策

07 エネルギー　13 気候変動　17 実施手段　　　　　重要度 ★★★

エネルギー政策の経緯

　一次エネルギーの多くを輸入に頼るわが国は、安定した供給を確保するため、さまざまな政策を導入してきた。1970 年代に発生した石油危機を踏まえ、供給地域の分散、エネルギー転換、省エネルギー推進、新エネルギーの導入がより重視されるようになった。エネルギー基本計画は、2002 年 6 月に制定されたエネルギー政策基本法に基づき、政府が策定するものであり、「安全性」、「安定供給」、「経済効率性の向上」、「環境への適合」というエネルギー政策の基本方針に則り、エネルギー政策の基本的な方向性を示すものである。

エネルギー政策の近況

　総合資源エネルギー調査会基本政策分科会等において検討がなされ、パブリックコメントを踏まえて 2021 年 10 月に第 6 次エネルギー基本計画が閣議決定された。その計画に基づいて政策が決定されるが、約 3 年ごとに計画を見直しており、2050 年カーボンニュートラル、2030 年に GHG 排出量を 46% 削減（2013年度比）、さらに 50% 削減に挑戦し続け、新たな削減目標の実現に向けたエネルギー政策を示すことが重要であるといえる。一般市民にも基本計画への意見表明できる機会（パブリックコメント制度）が設けられている。多くの意見が集約され、政策が実行されることを見守る必要がある。

> point　エネルギー基本計画では、3E ＋ S を原則として、2030 年、2050 年に向けた方針を示した。2030 年に向けてはエネルギーミックスの確実な実現へ向けた取り組みの更なる強化を行うこととしている。具体的な施策は次のとおり。
> ・再生可能エネルギー ➡ 主力電源化への布石／低コスト化
> ・原子力 ➡ 依存度を可能な限り低減／不断の安全性向上と再稼働
> ・化石燃料 ➡ 脱炭素電源への置き換えの促進
> ・産業・業務・家庭・運輸部門　　・2030 年におけるエネルギー需給の見通し

再生可能エネルギー、省エネルギーの普及に向けて

GHG 排出削減に向けた再生可能エネルギーの普及には固定価格買取制度（FIT 制度）が大きく影響しており、適格な制度設計と運用が期待される。これまでわが国は省エネルギーでのトップランナー制度、建築物省エネ法、カーボンフットプリント（CFP）などが機能し、途上国でも同様な制度導入などが図られ、GHG 削減に寄与している。再生可能エネルギー普及についても魅力ある政策で成果を導く必要がある。

多くの再生可能エネルギーが提案され、そのうちのいくつかは実際の導入が図られている。固定価格買取制度（FIT 制度）導入前後で、導入した設備規模が拡大しており、経済性が普及に大きく影響することが確認されている。

このように経済的優位性を持つ再生可能エネルギーの開発を促進させるとともに、余剰バッテリー活用や、効率的な揚水、高温燃焼、エネルギー貯蔵などにより、不安定な出力を補う運用を社会システムの中で経済的に確立させる努力が必要である。

用　語

●**新エネルギー**　再生可能エネルギーのうち、普及のために支援を必要とするもの。太陽光発電や風力発電、バイオマス発電など10種が指定されている。

●**3E＋S**　従来からエネルギー政策の柱であった 3E：経済効率性（Economic Efficiency）・安定供給の確保（Energy Security）・環境適合性（Environment）に、2011 年の福島第一原子力発電所事故を受けて S：安全性（Safety）を加えたもの。

●**エネルギーミックス**　多様なエネルギー源を、それぞれの特性を活かして使途を考え、利用していくこと。

●**固定価格買取制度（FIT 制度）**　電力会社に対し、再生可能エネルギー源を用いて発電された電気を一定期間・一定価格で買い取ることを義務づけた制度。2012 年 7 月より開始された。

●**トップランナー制度**　エネルギー消費機器の性能向上のため、現在商品化されている製品のうち、最も省エネ性が優れた機器以上の水準を次期製品の目標値とし、その達成を義務づけるもの。

●**建築物省エネ法**　建築部門での省エネの促進を目的に、すべての新築の住宅・非住宅のエネルギー消費性能基準への適合を義務づけた。（2022 年法改正）

●**カーボンフットプリント**　原材料の採取・製造から廃棄・リサイクルまでの全過程で排出された GHG を CO_2 排出量に換算し、商品にラベル表示するなど可視化したもの。事業者と消費者の双方に認識をさせることができる。

09 エネルギー供給源の種類と特性

07 エネルギー　　　　　　　　　　　　　　　　　　　　　重要度 ★ ★ ★

わが国のエネルギー供給源

　多くの政策によりエネルギー供給源の構成は変化がみられる。2020年には一次エネルギーに占める化石燃料の割合は約85％で依然として高くなっている。その内訳は石炭、石油、天然ガスで、この種類は30年以上変化がない。近年、非在来型の資源として、シェールオイル・シェールガスや炭層メタンガスが導入されているが、それらは基本的に天然ガスと同様の組成、利用状況になっている。

原子力発電の課題

　原子力発電は事故後、厳しい安全基準が定められ、既存の発電所での発電が停止していたが、新たな基準での安全性が確認され、稼働が再開されつつある。新設の動きは鈍く、長期的に期待できる発電量は不確定な要素が多い。

◆発電電力量の推移

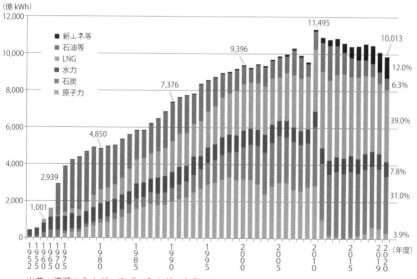

出典：資源エネルギー庁『エネルギー白書2020』

そこで再生可能エネルギーの導入が進んでいるが、電力に占める電源構成比は2020年度には約20％で徐々に増加傾向にある。低価格化、導入促進政策、系統電源との接続問題解消などの課題如何でその導入量は変動が予想される。

> **point** 福島第一原子力発電所事故後、すべての原子力発電所は停止した。2012年に設立された原子力規制委員会が、安全基準の強化や事故対策の基準を盛り込んだ新規制基準を2013年7月に制定。制定後、委員会による基準の適合確認と、地元の了解が得られた原子炉は再稼働をしている。

再生可能エネルギーの特徴

発電に伴うGHG排出量が少なく、自給できる電力源として期待が高い。条件によっては化石燃料を使った電力より低い価格で供給が可能であり、導入の可能性が高い。安定性を確保する連携方法や系統への負荷軽減、平準化技術などの高度化、低価格化が求められている。

主な再生可能エネルギー

・太陽光発電

わが国では太陽光発電が多くみられてきた。2000年頃までは世界で最大の太陽光発電導入量を誇り、メガソーラーの設置を推進し、太陽電池パネルの最大生産国であったが、2020年現在は導入量で世界第3位である。

・風力発電

一方、欧米各国では風力発電を中心に再生可能エネルギー導入が進んでおり、日本の風力発電導入量は世界でおおよそ20位である。海上に風力発電設備を設置する試みが本格化しており、規模の大きいウインドファームの建設も進んでいる。海洋国である日本では今後の導入が盛んになると思われる。

・地熱発電

火山の多い日本での地熱発電には、高い可能性があるが、温泉利用への影響が問題視されたり、景観を配慮して危惧する意見も根強く、多くが活用されていない。日本での地熱発電は歴史を持ち、世界の地熱発電で利用されているタービンの多くは日本製である。わが国はその発電技術を背景に、導入障害を克服し、技術的進展を継続させ、導入量の増加、外国への移転ビジネスの重点化、GHG削減プログラムへの寄与などを展開する必要がある。

・中小水力発電

わが国の全発電量の約8%を占める水力発電も、地球上を循環する水を動力源としており、再生可能エネルギーといえる。大規模な水力発電所は、運用の歴史は長いものの、河川の生態系や地域住民の転居の影響が懸念されているものもある。現在、出力1,000kW以下の水力は新エネルギーと分類され、さまざまな支援策が講じられている。水利権が支障となる例も多いが、安定した発電・収益等のメリットも高く、設置の可能性を一層高める技術の運用・開発が期待されている。

・バイオマス発電

廃棄物を燃料として発電した電力に対してもFITに基づき、買取が行われる。小規模に間伐材等を利用して発電した電力の場合、買取単価が比較的高く、企業や地方公共団体など多くの主体が発電を検討している。間伐材等燃料調達の経済性、供給安定性などの課題があるが、発電所の立地環境次第では熱利用、排ガス等副産物利用を含めるなどの工夫で導入が進むものと思われる。また、このようなバイオマスエネルギーはカーボンニュートラルの考え方に適っている。

・その他新エネルギー

このほか、地中熱や雪氷熱を利用した空調や農産物貯蔵、海洋の温度差や波力、潮流を利用した発電などが試され、一部実用化に近づいている。経済性と安定性を向上させ、環境にやさしい電力が調達できる日を期待したい。

用　語

●シェールオイル・シェールガス　地下深い地層の頁岩層（けつがん）に含まれる原油・ガス。世界各地で埋蔵が確認されていたものの、技術上の問題で採掘が困難だった。2000年代に採掘技術の向上により、米国で開発が急速に拡大。世界のエネルギー供給に影響を及ぼし、「シェール革命」と呼ばれている。

●メガソーラー　太陽光発電において、1M（1,000k）W以上の出力を持つシステムのこと。空き地や休耕地を利用して設置されている。

●ウインドファーム　数基～数百基の多数の大型風車を1か所に集めた風力発電の施設。

●バイオマスエネルギー　石油などの化石資源を除いた動植物に由来する有機物によるエネルギー。廃棄物によるものと栽培作物によるものがある。

●カーボンニュートラル　大気中のCO_2の増減に影響を及ぼさない性質のこと。植物など生物に由来する燃料を燃焼させて出るCO_2は、その植物が光合成で吸収するCO_2と相殺されると考える。

⑩ 省エネ対策と技術

07 エネルギー　09 産業革新　　　　　　　重要度 ☆☆☆

省エネルギー技術

　省エネ推進のために、多種多様な取り組みが行われている。ヒートポンプ、燃料電池、インバーター、ZEH、断熱技術、LED、スマートメーターなどの技術的省エネに加え、消灯、適切な冷暖房、移動手段の選択などエコライフを実感しながら行う市民レベルでの省エネは、その広がりにより波及する効果が大きいことが推定されている。

　高い満足度の生活を維持しつつ、エネルギー需要を抑えた生活を可能にすることが、今後の省エネ技術、システムの発展方向を示していると思われる。

　コージェネレーションにも注目が集まっている。地域に存在する再生可能熱源（太陽熱、地中熱等）や都市排熱（ごみ焼却場や地下鉄、工場等の排熱）を地域熱供給プラントに導入し、地域冷暖房等で利用し、省エネルギーを実現している。

　また、ESCO事業がある。企業が、事業所等の省エネの診断・施工・維持管理などを請け負い、施設の省エネ改修費用を負担する代わりに、一定の期間、改修で浮いた光熱費から経費と報酬を受け取る方式を採用するものである。施設保有者にとっては、改修費用を工面せずに省エネ設備に切り替えられる利点がある。

用 語　●**ヒートポンプ**　気体の圧縮→温度の上昇、気体の膨張→温度の下降という原理を利用して空気の熱をくみ上げ、移動させ、放出するシステム。エアコン、冷蔵庫、給湯器などに活用されている。
●**燃料電池**　水素と酸素の化学的な反応によって生じるエネルギーで電力を発生させる装置。クリーンで高い発電効率が得られる。
●**インバーター**　交流電気を直流に変換し、さらに異なる周波数の交流に変換などをすること。モーターの回転を調整し、電力消費を抑えることができる。
●**ZEH** ⇒ P.155
●**スマートメーター**　電力会社との通信機能を持った電力のメーター。電力使用状況の可視化や、家電製品の制御などに活用できる。これを利用して消費者に合わせた電力の使い方の提案を可能にした電力網をスマートグリッドという。

11 生物多様性の重要性と危機

14 海洋資源　15 陸上資源　　　　　　　　　　重要度 ☆★★

生態系サービス

生物多様性基本法の前文に「生物の多様性は人類の存続の基盤」と示されているが、多様性に富む社会は、豊かな環境を生み出し、人類に限らずすべての生物・構成物に富をもたらす。生態系から得られる以下の 4 つのサービスを持続発展させるためにも、生物多様性条約の確実な履行が期待される。

point ミレニアム生態系評価において、生態系サービスは 4 つに分類される。
①供給サービス：食料、水、燃料、医薬品の原料、木材など。
②調整サービス：気候の安定、水質の浄化、森林の保水性など。
③文化的サービス：地域文化、レクリエーションなど。
④基盤サービス：光合成による酸素の供給、土壌形成、水の循環など。

2010 年に名古屋で開催された**生物多様性条約第 10 回締約国会議**（COP10）では、生物多様性に関する 2011 ～ 2020 年の世界目標、遺伝資源がもたらす利益の配分などが困難な議論を経て合意された。2020 年時点で条約事務局の評価では、安全に達成できた目標はほとんど無い状態である。

多様性の危機

生物の多様性が脅かされてきた例として、恐竜が絶滅した気候変化のように、環境の変化は生物の絶滅に大きく関与している。人間活動が環境に与える影響が大きくなり、絶滅する種の数が飛躍的に増加しているとみられている。

多様性の宝庫である森林の開発抑制、過度の生物捕獲利用停止、生育環境の確保、外来種の侵入防止など、地道な努力の継続が必要である。

野生生物の減少

絶滅危惧種は確実に増加している。絶滅のおそれのある野生生物の種のリスト（レッドリスト）は随時見直しがなされ、次は 2024 年に公表が予定されている。

◆絶滅危惧種数の推移

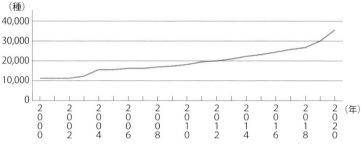

出典：IUCN Red List of Threatened Species

◆日本の絶滅のおそれのある野生生物の種数

分類群		評価対象種数	絶滅	野生絶滅	絶滅危惧種	準絶滅危惧種	情報不足	掲載種数合計
動物	哺乳類	160	7	0	34	17	5	63
	鳥類	約700	15	0	98	22	17	152
	爬虫類	100	0	0	37	17	3	57
	両生類	91	0	0	47	19	1	67
	汽水・淡水魚類	約400	3	1	169	35	37	245
	昆虫類	約32,000	4	0	367	351	153	875
	貝類	約3,200	19	0	629	440	89	1177
	その他無脊椎動物	約5,300	1	0	65	42	44	152
	動物小計		49	1	1446	943	349	2788
植物等	維管束植物	約7,000	28	11	1790	297	37	2163
	蘚苔類	約1,800	0	0	240	21	21	282
	藻類	約3,000	4	1	116	41	40	202
	地衣類	約1,600	4	0	63	41	46	154
	菌類	約3,000	25	1	61	21	51	159
	植物等小計		61	13	2270	421	195	2960
13分類群合計			110	14	3716	1364	544	5748

出典：環境省レッドリスト2020
注）絶滅：わが国ではすでに絶滅したと考えられる種　野生絶滅：飼育・栽培下、あるいは自然分布域の明らかに外側で野生化した状態でのみ存続している種　絶滅危惧種：絶滅の危険性が高い種　準絶滅危惧種：現時点での絶滅危険度は小さいが、生息条件の変化によっては「絶滅危惧」に移行する可能性のある種　情報不足：評価するだけの情報が不足している種

多様性のモニタリング

サンゴ礁、高山帯、里地、小島嶼などさまざまな生態系のその現状を調査し、情報発信する環境省のモニタリングサイト1000には、その成果がまとめられている。それによると、多くの種、場所で生育環境の悪化がみられる。

point 生物の模倣、バイオミミクリー（バイオミメティクス）

人類と同じ地球上に暮らす生物類は、その進化の中でさまざまな変化を遂げている。人類はそれから学び、模倣し、我々の機能を高めて生活に活用してきた。このことを生物を意味する「Bio」と、模倣を意味する「Mimicry」を合体させバイオミミクリーと呼んでいる。

例えば、ハチの巣から得られる形状を利用した軽量かつ高圧縮強度を有するダンボール素材、蜘蛛の巣糸から想起された高引張強度の新繊維、鳥の形状から得られた低抵抗の新幹線の先頭車両など枚挙にいとまがない。生物の多様性の確保は、それら機能の多様化・高度化に直結して、人類の進化にも重要な示唆を与えている。

多様な生態系との共存

人類は、自分たちのメリットとなるような生活形態を追求し、他の生物を絶滅に追いやってきた歴史を重ねてきている。新型コロナウイルスにおいても、豊かな生物多様性が確保されていたなら、その宿主の行動が制限され、伝染性に違った展開をみせていたのかもしれない。

これから生態系・多様性を本来の形に戻し、維持することは不可能であろうが、他の生物に配慮した行動を心がけ、共栄をはかることが求められている。

用　語 ●**生物多様性基本法**　生物の多様性の保全および持続可能な利用についての基本原則とその方向性を示した。2008年6月施行。
●**ミレニアム生態系評価**　国際連合の提唱により2001～2005年に行われた地球規模の生態系に関する環境アセスメント。生態系に関する総合的評価。
●**レッドリスト**　絶滅のおそれのある野生動植物のリスト。国際自然保護連合（IUCN）が、評価基準に基づいて作成、世界規模で保護の優先が高い生物種名や絶滅の危険度などを記載している。
●**バイオミミクリー（バイオミメティクス）**　生物の身体の形やしくみを参考に、科学技術において模倣・応用すること。

12 生物多様性の国際的な取り組み

13 気候変動　　14 海洋資源　　15 陸上資源　　17 実施手段　　　　重要度 ★☆☆

生物多様性条約

　生物の多様性を確保することは、一部地域に限定されることなく、国際的に協調していくことが不可欠であるといえる。

　2010年には，名古屋で生物多様性条約の第10回締約国会議（COP10）が開催され、「いのちの共生を未来に」をテーマに、国内で生物多様性への関心が高まった。その会議では、生物多様性概況（GBO3）での評価から、生物多様性戦略計画2011–2020が採択された。

point 生物多様性戦略計画
- 長期目標（〜2050年）：自然と共生する（Living in harmony with nature）世界
- 短期目標（〜2020年）：生物多様性の損失を止めるために効果的かつ緊急な行動を実施する
- 個別目標「愛知目標」：「人々が生物多様性の価値と行動を認識する」など20の目標

　また、「SATOYAMAイニシアティブ」として、自然と共生する社会の実現を目指す世界的な取り組みが合意され、ネットワークの構築、共同研究の推進等に取り組んでいる。世界で急速に進む生物多様性の損失を止めるため、このような二次的自然地域においても、自然資源の持続可能な利用を実現する必要性が認識を得ている。そのため、自然共生社会の実現に活かしていく取り組みを、わが国の里山での事例、経験、知見をもとに、さまざまな国際的な場で推進している。

　生物多様性条約の他、ラムサール条約、ワシントン条約、世界遺産条約などにより生物多様性への国際的な取り組みがとられている。

point 世界遺産は、文化遺産、自然遺産、複合遺産に分類される。日本の文化遺産は20件（姫路城、厳島神社など）、自然遺産は5件（屋久島、白神山地、知床、小笠原諸島、奄美大島・徳之島・沖縄島北部及び西表島）、複合遺産はなく、合計25件である。

◆生物多様性に関する主な国際的取り組み

1975	「世界遺産条約」、「ラムサール条約」、「ワシントン条約」発効
1993	「生物多様性条約」発効
2003	「カルタヘナ議定書」発効
2010	「地球規模生物多様性概況第3版（GBO3）」発表 「戦略計画2011-2020」採択 「名古屋議定書」「愛知目標」採択（COP10名古屋）
2016	「カンクン宣言」採択（COP13 メキシコ・カンクン）
2018	COP14（エジプト・シャルムエルシェイク）開催
2021	COP15 第一部（中国・昆明）開催
2022	COP15 第二部（カナダ・モントリオール）開催

愛知目標

　水鳥が好む湿地の保護管理、野生動物の取引、多様性の保全、遺伝子組換え生物による影響への配慮など、国際的な課題について、さまざまな条約で多様性の確保に取り組まれている。国内では、ワシントン条約を受けて種の保存法、カルタヘナ議定書を受けて遺伝子組換え規制法が制定された。

　2010年に名古屋で開催されたCOP10で採択された愛知目標は、生物多様性条約全体の取り組みを進めるための枠組みとして位置づけられた。そして、愛知目標を達成するため、生物多様性や生態系サービスの変化や現状を評価し、政策に反映させる政府間組織として、IPBESが2012年に設立された。

　2022年に開催されたCOP15第二部では、2030年までの新たな目標「昆明・モントリオール生物多様性枠組」が採択され、2050年ビジョンとして「自然と共生する世界」を掲げ、また、陸域と海域の30％以上の保全（30by30目標）、侵略的外来種の導入・定着率の半減など、23のターゲットが定められた。

その他の取り組み

・生物圏保存地域（ユネスコエコパーク）

　ユネスコの人間と生物圏計画の一環として、豊かな生態系を持ち、地域の自然資源を活用した持続可能な経済活動を進めるモデル地域。各国からの推薦を受けて、ユネスコ人間と生物圏国際調整理事会が指定する。生物多様性の保護を目的に1976年に指定が開始された。日本ではユネスコエコパークと呼ばれ、2022年6月現在、志賀高原、白山、屋久島、南アルプスなど10地域が登録されている。

・ユネスコ世界ジオパーク

　国際的に価値ある地質遺産を保護し、地域の持続可能な発展に活用している地域を、世界ジオパークが認定している。2015 年からユネスコの正式事業となった。日本は、洞爺湖有珠山、糸魚川など 9 地域が認定されている。

・世界農業遺産

　世界的に重要で伝統的な農林水産業のシステムを持つ地域を、国連連合食糧農業機関が認定している。日本では「トキと共生する佐渡の里山」、「能登の里山・里海」、「静岡の茶草場農法」など 13 地域が認定されている。

用 語　●**生物多様性条約**　1992 年の国連環境計画（ケニア、ナイロビ）で採択された。特定の行為や生息地のみを対象とするのではなく、野生生物保護の枠組みを広げ、地球上の生物の多様性の保全を目的とする。

●**SATOYAMA イニシアティブ**　人間の生活に影響を受けた二次的な自然地域資源の持続的な利用・管理を進めていく取り組み。

●**ラムサール条約**　水鳥をはじめ絶滅のおそれのある動植物とその生息地である湿地などを登録、保護の対象とする。日本は 1980 年に加入し、北海道釧路湿原、宮城県伊豆沼・内沼、千葉県谷津干潟、滋賀県琵琶湖など 53 か所を登録。

●**ワシントン条約**　絶滅のおそれのある野生生物約 3 万種の国際的商取引を規制。日本は 1980 年に加入。

●**カルタヘナ議定書**　生物多様性の保全や持続可能な利用に対する悪影響を防止するため、遺伝子組換え生物の国境を越える移送、利用等への措置について規定している。

●**名古屋議定書**　遺伝資源へのアクセスとそこで生じる利益の公正な配分に関する枠組みを定めた。2010 年名古屋市で開かれた COP10 で採択、2014 年発効。

●**カンクン宣言**　農林水産業および観光業における生物多様性の保全と持続可能な利用の組み込みを盛り込んでいる。2016 年メキシコのカンクンで開かれた COP13 で採択。

●**種の保存法**　ワシントン条約を受け、1993 年に施行。正式名称は「絶滅のおそれのある野生動植物の種の保存に関する法律」。国内希少野生植物種として、2023 年 1 月現在 442 種を指定している。

●**遺伝子組換え規制法（カルタヘナ法）**　カルタヘナ議定書を受けて、生物多様性の確保のために遺伝子組換え生物の使用等を規制する措置を講じていくことを定めた法律。

●**遺伝子組換え**　ある作物に他の植物の遺伝子を組み込んで食品などを作ること。食品には遺伝子組換え食品であるかどうかの表示をする義務がある。

13 生物多様性の主流化

08 経済成長　14 海洋資源　15 陸上資源　　　　　　　　重要度 ★★☆

多様な取り組みの実施

　生物多様性の重要性は広く認識されているものの、広範な取り組みが本格的に行われていないことを見直していく必要があると思われる。多様性が失われることにより身近に発生する課題、多様性の経済的な価値、身近な取り組みなどを連続して発信することが必要である。そのため、わが国で開催された生物多様性条約 COP10 で盛り上がった機運を継続させ、決められた国連生物多様性の 10 年を着実に実施することが求められる。

　豊かな生態系から得られる便益を生態系サービスとして、環境経済手法 CVM により評価が試みられている。多くの価値が認められているが、さらに生態系の損失は多くの場合取り返しのつかないことであり、将来世代への影響や負担などを適切に評価することが必要である。日本経団連、環境省などで本格的な取り組みが進行しており、その成果に注目したい。

◆生態系サービスの貨幣価値の評価事例　出典：環境省 HP「自然の恵みの価値を計る―生物多様性と生態系サービスの経済的価値の評価―」

事　例	実施年	評価額（／年）	場　所
全国的なシカの食害対策の実施により保全される生物多様性の価値	2013	865 億円	全国
奄美群島を国立公園に指定することで保全される生物多様性の価値	2013	898 億円	鹿児島県
干潟の自然再生に関する経済価値評価	2014	7 億 5,743 万円（干潟再生 1ha 当たり）	全国
ツシマヤマネコの保護増殖事業に関する経済価値評価	2014	527 億 2,976 万円	長崎県
函館市松倉川の生態系の評価	1996	193 億円	北海道
熊本市における地下水涵養機能保全政策の評価	2003	33 億円	熊本県
屋久島の生態系保全の価値	1997	688 億円（保護対策が強いシナリオ）	鹿児島県
地球温暖化による干潟消失の回避に関する経済価値評価	2007	2,043 億円	全国

⑭ 生物多様性・自然共生社会への取り組み

08 経済成長　11 まちづくり　14 海洋資源　15 陸上資源　17 実施手段　重要度 ★☆☆

生物多様性国家戦略

　わが国では、国の生物多様性の保全、利用に関する目標、方針を定めた生物多様性国家戦略を 1995 年に閣議で定め、適宜見直しながら基本的な戦略を提示し、また、多くの自治体で地域での生物多様性に関する戦略を策定している。

　生物多様性を確保するうえで重要な地域には、自然環境保全地域、国立公園・国定公園、鳥獣保護区、保安林、自然的名勝など、自然環境保全法、自然公園法、鳥獣保護管理法などそれぞれの法律で定めた地域で保全がなされている。

◆重要地域の状況

出典：環境省『令和 4 年版 環境白書』

保護地域	区　分	年　月	箇所数等
自然環境 保全地域	原生自然環境保全地域	2022 年 3 月	5 地域（5,631ha）
	自然環境保全地域		10 地域（2 万 ha）
	沖合海底自然環境保全地域		4 地域（2 万 ha）
	都道府県自然環境保全地域		546 地域（8 万 ha）
自然公園	国立公園	2022 年 3 月	34 公園（220 万 ha）
	国定公園		58 公園（149 万 ha）
国指定 鳥獣保護区	箇所数、指定面積	2022 年 3 月	86 か所（59 万 ha）
	特別保護地区の箇所数、面積		71 か所（16 万 ha）
生息地等 保護区	箇所数、指定面積	2022 年 3 月	9 か所（890 万 ha）
	管理地区の箇所数、面積		9 か所（390 万 ha）
保安林	面積（実面積）	2021 年 3 月	1,221 万 ha
保護林	箇所数、面積	2021 年 4 月	661 か所（98 万 ha）
文化財	名勝の指定数（特別名勝）	2022 年 3 月	427（36）
	天然記念物（特別天然記念物）		1,038（75）
	重要文化的景観		71 件

30by30 ロードマップ

30by30 目標とは、2030 年までに生物多様性の損失を食い止め、回復させることに向けて、陸と海の 30%以上を健全な生態系として効果的に保全する目標で、達成までの行程や具体策を示した 30by30 ロードマップには、個別目標として、保護地域以外で生物多様性保全に資する地域（OECM）の設定・管理などがある。

生物多様性国家戦略 2012-2020

2010 年に名古屋で開催された COP10 で、生物多様性に関する愛知目標が採択され、わが国の目指す自然共生社会への戦略「生物多様性国家戦略 2012-2020」が閣議決定された（右ページ参照）。また、自然共生社会におけるグランドデザインとして、100 年先を見通した共通のビジョンを示している。河川や湿原、ビオトープなど水系の環境の保全も謳われている。

> **point** ビオトープ…「生物が棲む」という意味で、「生息場所、棲み場所」と同意。
> 単なる位置を示す「場所」ではなく、ある種の生物が生存できるような環境を構成する水、大気、土や植物、微生物等の生物的諸要因の状態を有する特定の場所、環境を指す場合が多い。

自然再生推進法

生態系ネットワークは、何らかの要因で損なわれてしまった地域、空間の生態系を水辺、緑地などでつなぎ、本来の当該地域の生態環境に近い空間を取り戻す取り組みにより、豊かな自然環境を創出しようとするイメージである。

そのために、自然再生推進法が 2003 年に施行され、多くの地域で多様な実施主体を巻き込んで、本格的に自然を取り戻す事業が進められている。

種の保存法と外来生物法

絶滅のおそれがある野生動植物種の保存に関しては、種の保存法により、対象の種を指定し、生息地の保護、保護増殖、販売や陳列等の規制を行っている。人間の移動に伴い海外から移ってきた生物種（外来生物）のうち、特に在来の生物種、生態系に大きな影響を与えるものは外来生物法により「特定外来生物」として取り扱いの規制、防除等の措置が講じられている。

◆「生物多様性国家戦略 2012-2020」概要　　出典：環境省 HP「生物多様性国家戦略」

第1部：戦略

【自然共生社会実現のための基本的な考え方】
「自然のしくみを基礎とする真に豊かな社会をつくる」

【生物多様性の4つの危機】
「第1の危機」開発など人間活動による危機
「第2の危機」自然に対する働きかけの縮小による危機
「第3の危機」外来種など人間により持ち込まれたものによる危機
「第4の危機」地球温暖化や海洋酸性化など地球環境の変化による危機

【生物多様性に関する5つの課題】
①生物多様性に関する理解と行動
②担い手と連携の確保
③生態系サービスでつながる「自然共生圏」の認識
④人口減少等を踏まえた国土の保全管理
⑤科学的知見の充実

【目標】
◆長期目標（2050年）　生物多様性の維持・回復と持続可能な利用を通じて、わが国の生物多様性の状態を現状以上に豊かなものとするとともに、生態系サービスを将来にわたって享受できる自然共生社会を実現する。
◆短期目標（2020年）　生物多様性の損失を止めるために、愛知目標の達成に向けたわが国における国別目標の達成を目指し、効果的かつ緊急な行動を実施する。

【自然共生社会における国土のグランドデザイン】
100年先を見通した自然共生社会における国土の目指す方向性やイメージを提示

【5つの基本戦略】2020年度までの重点施策
1　生物多様性を社会に浸透させる
2　地域における人と自然の関係を見直し、再構築する
3　森・里・川・海のつながりを確保する
4　地球規模の視野を持って行動する
5　科学的基盤を強化し、政策に結びつける

第2部：愛知目標の達成に向けたロードマップ

■「13の国別目標」とその達成に向けた「48の主要行動目標」
■ 国別目標の達成状況を把握するための「81の指標」

第3部：行動計画

■ 約700の具体的施策　■ 50の数値目標

エコツーリズム

　地域の自然環境や歴史文化への認識を深める旅の概念をエコツーリズムという。

　2008 年にエコツーリズム推進法が施行された。エコツーリズム推進法は自然環境の保全を理念としているが、この理念を具現化したものをエコツアーという。エコツアーには、農村に滞在して現地と交流するグリーンツーリズム、アグリツーリズムや、漁村に滞在し、水産業への理解を深めるブルーツーリズムなどがある。

自然共生圏

　国内の活動は、農山漁村と都市地域という分類だけでなく、歴史、観光、商業、工業、流通、文教など各地域が連携して、共生しつつ発展を遂げていくことが求められる。その活動が自然と調和し、個人の幸福感増進に寄与することを心がけるようにしたい。その実現のため、自然共生圏の創造、里地里山、里海の重要性が再認識されている。2018 年の第 5 次環境基本計画においてはさらに踏み込んで地域循環共生圏の創造を目指すこととされた。

　地域循環共生圏とは、地域資源を活かして自立・分散型の社会を形成する、あるいは地域の特性に応じて補完し支え合うなど、各地域がその特性と強みを発揮することを目指している。森・里・川・海のつながりから得られる恵みを活用し、地域の社会・経済に貢献していく取り組みである。

◆地域循環共生圏のイメージ

出典．環境省「地域循環共生圏づくりプラットフォーム事業」より作成

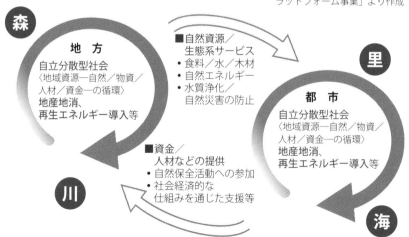

里地里山…集落を取り巻く二次林や農地、ため池などで構成される地域。
里海…人の手が加わることにより生物生産性と生物多様性が高くなった沿岸地域。
　人口減少や高齢化、産業構造の変化により、自然資源の循環が少なくなることで生物多様性の劣化が懸念されている。

鳥獣保護管理法

　2015年、農林水産業に被害を及ぼしている野生鳥獣の数や生息域を、適正な水準に減少または縮小させることを意図し、鳥獣保護法を改正した鳥獣保護管理法が成立した。野生鳥獣の法的な「管理」という側面が強調されている。個体数の管理による被害軽減に主眼が置かれ、生物多様性への影響を懸念する意見も見受けられる。シカやイノシシが増えすぎたことによる鳥獣被害を受けて、ジビエ利用促進の事業が振興されるなど、新たな取り組みも始まっている。人と野生動物の共存にむけて、議論は続いている。

用語　●**生物多様性国家戦略**　生物多様性条約（⇒ P.65）を受け、1995年に策定。自然と共生する社会の実現を基本方針としている。
●**自然環境保全法**　1972年に制定。これに基づき、自然環境保全地域の地域指定がなされている。
●**自然公園法**　1957年に制定。優れた自然の風景地を保護するとともに、その利用の増進を図ることを目的としている。これに基づき、国立公園、国定公園、都道府県立自然公園の指定がなされている。
●**生態系ネットワーク**　野生生物の生息地を、森林や緑地などで結びつけることにより生物の活動を回復しようとすること。1990年代にヨーロッパで始まり、わが国では知床や白神山地などで取り組まれている。
●**自然再生推進法**　過去に損なわれた生態系その他の自然環境を取り戻すことを目的とし、2003年に施行。自然再生を「自然環境の保全、再生、創造」と定義。これに基づき、国や自治体は全国100地域以上で自然再生事業を進めている。
●**種の保存法**⇒ P.65
●**外来生物法**　生態系等への被害を防止することを目的とし、特に大きな被害を及ぼす外来生物を指定している。2005年施行。
●**鳥獣保護管理法**　鳥獣の保護及び管理を図るための事業の実施や、猟具の使用に係る危険の予防に関する規定などが定められている。2015年の法改正施行により、指定管理鳥獣捕獲等事業や事業者制度も盛り込まれた。

15 オゾン層保護

12 生産と消費　　13 気候変動　　17 実施手段　　　　　　　重要度 ★★★

オゾン層の破壊

　オゾン層は、太陽から放出される有害な紫外線から、多くの生物を守る役割を果たしている。人類が排出した冷媒等に使われているフロンは、ほとんど分解されずに成層圏に達する。そこでは太陽からの紫外線の作用を受けて、化学反応を起こしオゾンを分解する。この分解の反応は連鎖反応で、1個の塩素原子によって数万個のオゾン分子が分解されるといわれている。

　人間の生活で消費、放出されるフロンなどの物質が南極付近の特殊な気象状況と化学反応により、オゾン層を破壊する。オゾン層は、地球上の多くの生物に有害な太陽からの紫外線を吸収する役割を果たしており、その破壊は生物の多様性確保上、障害となってきた。このオゾン層破壊のメカニズムとオゾンホールの原因が徐々に明らかになり、国際的な連携が図られてきている。

◆オゾン層破壊のメカニズム

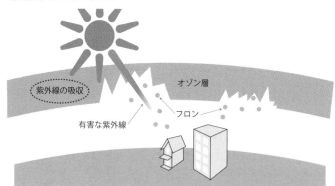

紫外線の吸収　　オゾン層　　有害な紫外線　　フロン

出典：環境省パンフレット「オゾン層を守ろう 2019」より作成

point オゾン層の破壊が生物に与える影響　①皮膚がんや白内障が増加する。
②免疫作用が抑制され、感染症などの疾病にかかりやすくなる。
③動植物の生育が阻害され、農作物の収量が減少する。

国内外の取り組み

ウィーン条約、モントリオール議定書、それに対応したオゾン層保護法、フロン排出抑制法などが国内で整備され、取り組まれてきている。

世界的にもオゾン層観測が継続され、好転していることが確認されている。そのことから、オゾン層対策は成功例の代表として取り上げられることが多い。

モントリオール議定書が、世界で最も成功している環境条約といわれる要因として、①途上国も含めた規制を実施していること、②途上国での規制実施のため、先進国の拠出による「多国間基金」など支援の仕組みがあること、③オゾン層破壊物質は温室効果をもつものが多く、その抑制は地球温暖化防止にもつながると理解されていること等が挙げられている。

フロン対策の変遷

特定フロンの代替として、代替フロン（HFC）への転換が進められてきたが、CO_2 よりも 100 〜 10,000 倍にもなる温室効果があることがわかり、新たな問題となった。そのため、近年ではアンモニア等のノンフロン冷媒が開発され、実用化されている。また、冷媒を使わない冷凍システムの研究も進んでいる。

用語

●**フロン** フロンは化学的に安定した性質をもち、冷蔵庫やエアコンの冷媒などに幅広く使われてきた。フロンには複数の種類があり、特定フロン CFC と HCFC、代替フロン HFC に分けられる。

●**オゾンホール** 南極や北極上空のオゾン層（⇒ P.22）で、春から夏にかけてオゾンの濃度が下がり、穴があいたように見えることからこう呼ばれる。

●**ウィーン条約** オゾン層保護のための国際的な対策の枠組みを定めた条約。1985 年に採択された。日本は発効年の 1988 年に加入。

●**モントリオール議定書** ウィーン条約に基づき、オゾン層を破壊するおそれのある物質を指定し、これらの物質の製造、消費および貿易の規制を目的として1987 年に採択。オゾン層破壊物質の生産禁止などのスケジュールを設定した。

●**オゾン層保護法** モントリオール議定書を日本で適切に施行するための国内対応法。特定物質の製造規制や排出抑制に関する措置を定めている。1988 年制定。

●**フロン排出抑制法** フロン回収・破壊法を改正し、2015 年に施行された法律。フロン類の製造から廃棄までのライフサイクル全体にわたる包括的な対策が取られるよう定めている。2020 年からは機器廃棄の際の規制が強化された。

16 水資源と海洋環境

06 水・衛生　　12 生産と消費　　14 海洋資源　　17 実施手段　　重要度 ☆☆☆

水資源についての課題

　21 世紀は「水の世紀」という言葉のように、水は重要な課題として指摘されており、世界的に人類が利用できる状態として偏在する水への懸念が顕在化している。水は、飲用、生活用水に限らず、農作物や家畜の生育、工業利用、発電をはじめ多くの用途で不可欠な存在である。しかし、人間に限らず一般の動植物が摂取できる淡水は限られ、そのうち利用可能な水の量（水資源賦存量）は、さらに限定される。

◆地球上の水の量

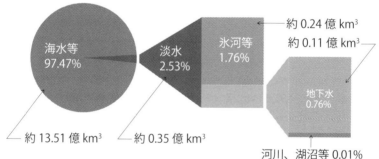

出典：国土交通省「世界の水資源」

注）World Water Resources at the Beginning of the 21st Century ; UNESCO, 2003 を基に国土交通省水資源部作成。南極大陸の地下水は含まれていない。

　世界では全人口の 26％の人が安全な水へのアクセスがないとされている。安全な水が供給されずに命を落とす例が世界では年間数百万件とも見込まれ、水の調達に費やされる作業も膨大なことが報道されている。わが国の企業も途上国の水の調達に積極的に取り組み、成功例が報告されるようになってきている。

　なお、水の使用量を表す指標であるウォーターフットプリントは、年間 1 人あたり 1,387m³（世界平均）であるが、国や地域により数値は大きく異なる。限られた水資源を有効に、かつ多くの人や地域に行き渡らせることが、今後の人口爆発に対して大きな課題となる。

バーチャルウォーターでの日本の現状

水の利用は、持続的発展に対して非常に大きな課題といえる。

バーチャルウォーターは人間の活動の中で消費される物やサービスにより、ライフサイクルで消費される水を仮想的に想定した指標として利用されている。例えば、私たちが日々消費しているパンなどでも、原料となる小麦の耕作で消費される水などを考慮する考え方である。

その考えによると、わが国は年間約800億tのバーチャルウォーターを主に食料に伴って輸入しており、この値は日本が全国で1年間に消費する水の量を上回る量になると推定されている。すなわち、水の使用に伴う供給の点で日本は自立していないことがわかる。持続性を考えると、水資源を有効に使う必要性が重くのしかかる。

◆ 2005 年のバーチャルウォーター輸入量

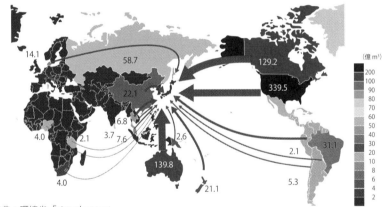

出典：環境省「virtual water」

IPCC の第4次評価報告書では、今世紀半ばまでに年間平均河川流量と水の利用可能量は、中緯度のいくつかの地域等において 10 〜 30 ％減少すると予測されている。特に半乾燥地域、乾燥地域の低所得の国々の脆弱性が高いとする報告がある。これらを緩和するため、水源対策を急ぐことが求められている。また、先進国を中心に安全でおいしい水や豊かな水環境に対する要請が高まっており、水循環系や自然環境の保全を通した水に関するさまざまな活動が求められている。

加えて、水資源関連施設の老朽化や水質悪化、災害時の水供給能力確保等への対応の必要性が明らかになってきている。

国際的な取り組み

　水資源問題の重要性に基づき、国連「持続可能な開発のための水の10年」が2018年から始まり、世界水フォーラムやアジア・太平洋地域での水サミットが開催された。世界規模で水問題に取り組み始めている。SDGsゴール6「すべての人々の水と衛生の利用可能性と持続可能な管理を確保する」の中ではすべての人々が安全で安価な水を利用できるように管理を進め、地域の参加を求めている。

　国内では2014年に水循環基本法が制定され、それを受けて水循環基本計画が定められた。

海洋汚染とその対策

　海洋においても、マイクロプラスチックなどのごみ問題、富栄養化（⇒ p.97）による水質の悪化、事故による油汚染などさまざまな環境面での問題を抱えている。廃棄物の海上への投棄の防止においては、ロンドン条約が1972年に採択されており、日本でも海洋への投棄を原則禁止としている。そのほか国際的な取り組みとして海洋法に関する国際連合条約が定められている。

　海洋プラスチックごみは生態系への影響など広範にわたって影響を及ぼしている。G20大阪サミット（2019年）では、共通の世界のビジョンとして、2050年までに海洋プラスチックごみによる追加的な汚染をゼロにまで削減することを目指すと宣言された。これを受けて世界的な取り組みが進められている。

　また、バラスト水による外来種生物の他国の生態系への影響が指摘され、船舶バラスト水規制管理条約が2017年に発効した。

> **用　語**　●**水資源賦存量**　人間が最大限利用できる水の量。降水量から蒸発散により失われる量を引いた量。
> ●**ウォーターフットプリント**　製品やサービスなどにおいての原材料の栽培・生産、製造・加工、輸送・流通、消費、廃棄・リサイクルまでのライフサイクル全体で消費された水の総量を測る指標。
> ●**バーチャルウォーター**　食料等の輸入国において、もしその輸入食料を生産するとしたら、どの程度の水が必要かを推定したもの。
> ●**マイクロプラスチック**　直径5 mm以下の小さなプラスチック。
> ●**バラスト水**　船舶が航行時のバランスをとるために船内に貯留する水。

17 酸性雨と森林破壊

| 03 保健 | 12 生産と消費 | 13 気候変動 | 15 陸上資源 |

| 17 実施手段 |

重要度 ☆☆☆

酸性雨の問題

　酸性雨を引き起こす物質は、自動車や工場、暖房施設等からの排ガス中の硫黄酸化物や窒素酸化物などである。それらが大気中を浮遊して、雪や雨とともに酸性雨として地表に降ってくる。

　酸性雨の影響は、欧州での歴史的建造物やシュバルツバルトの森林被害が知られてきたが、近年では国、地域を問わず、森林、湖沼、農地、草地等でも観測され、人や健康への甚大な被害も知られている。

◆酸性雨発生のメカニズム

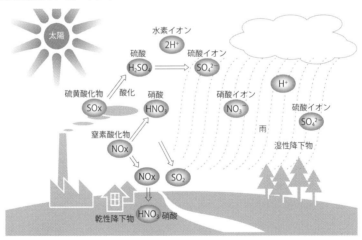

出典：国立環境研究所 HP

　酸性雨は長距離を移動して被害を起こすことが知られており、世界規模での観測と対策が必要である。そのため、長距離越境大気汚染条約、ヘルシンキ議定書、ソフィア議定書、グーテンベルグ議定書などが採択され、アジア地域では東アジア酸性雨モニタリングネットワークがわが国主導で活動を行っている。

要点編

第3章

環境問題を知る

> **point** 酸性雨の定義は、pH5.6 以下の雨である。世界各地で以下のような被害が みられる。①森林の衰退…ドイツのシュバルツバルト　②魚類等の減少・死滅… スウェーデン　③建造物等の溶解…ギリシャ・アテネのパルテノン神殿、デンマー クの人魚像等

　実際の降雨の測定では、pH 5.6 以下は珍しくなく、pH 3 を下回る強酸性を示 す酸性雨も観測されている。わが国では脱硫脱硝装置の設備、自動車の排気ガス 対策が浸透しており、顕著な被害は少ないとされているが、酸性を有する降雨、 その植生や生態系への影響を詳しく研究、記録集積を行うことが必要である。

森林面積の減少

　森林は生物多様性の源であり、温室効果ガスの主体である二酸化炭素を吸収す る役割を果たしており、環境面から大変重要な役割を果たしている。しかし、森 林地域の経済は森林から得られる産物、森林を開墾した農地からの耕作物化に依 存することが多く、地域住民の生活や防災機能とのバランスを取りながら持続可 能な方法で森林を利用する方法の取り組みがなされる必要がある。森林は破壊さ れると元の姿に戻すことが極めて困難で、長い時間がかかることが知られている。

> **point** 森林破壊の原因　①非伝統的な焼畑耕作　②薪炭材の過剰伐採　③農地 への転用　④過剰放牧　⑤不適切な商業的伐採　⑥森林火災　⑦酸性雨の影響 森林破壊の影響　①燃料や食料の減少　②自然災害の増加　③地球温暖化　④野 生生物の絶滅

◆地域別森林面積の推移（1990 ～ 2020 年）

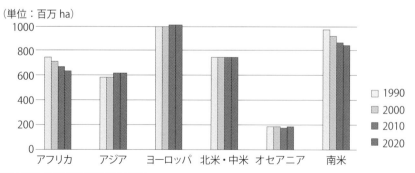

（単位：百万 ha）

出典：FAO「世界森林資源評価 2020」

森林破壊への取り組み

国連の場では森林原則声明で持続可能な森林経営理念が示され、森林認証制度（FSC®、SGEC）が提唱され、開発途上国の森林保護を支援する取り組み（REDD＋）も行っている。また、クリーンウッド法の事業者登録制度により違法伐採対策がとられている。

用語

●**窒素酸化物（NOx）** 燃料を高温で燃焼したときに空気中、燃料中の窒素と酸素が結合して発生する物質。一酸化炭素や二酸化窒素など。大気中で酸化され、降水に溶けて酸性雨や光化学スモッグの原因となる。

●**硫黄酸化物（SOx）** 大気中の硫黄酸化物の多くは、石油や石炭などの化石燃料の燃焼によって発生したもので、大気汚染や酸性雨の原因となる。工場の排煙や自動車などの排出ガスなどに含まれる。

●**長距離越境大気汚染条約** 越境大気汚染に関する国際条約。1979年に国連欧州経済委員会で採択された。酸性雨調査の実施などを定めた。

●**グーテンベルグ議定書** 長距離越境大気汚染条約をもとに、1999年に採択。酸性化・富栄養化・地上レベルオゾンの低減を目指す。

●**東アジア酸性雨モニタリングネットワーク（EANET）** 酸性雨による環境影響を防止するためのネットワーク。1998年に設立され、アジア13か国が参加している。酸性雨のモニタリング、調査研究を進める。

●**森林原則声明**⇒ P.17

● **REDD＋（レッドプラス）** 開発途上国が森林を保全するための取り組みに、国際社会が経済的な支援をする仕組み。

ゴロ合わせ　　長距離越境大気汚染条約

長男は郷里へ　今日は待機しながら温泉に
（長距離）　（越境）　　　（大気）　　　　（汚染条約）
硫黄は　減るし
（硫黄酸化物、ヘルシンキ議定書）
祖父は　　ごちそうしてくれるし
（ソフィア議定書、窒素酸化物）

長距離越境大気汚染条約を受けて、硫黄酸化物削減のためにヘルシンキ議定書が、窒素酸化物削減のためにソフィア議定書が採択された。

18 土壌・土地の劣化と砂漠化

02 飢餓　06 水・衛生　12 生産と消費　13 気候変動
15 陸上資源　　　　　　　　　　　　重要度 ☆☆☆

土地の劣化

　地球に住む生物のほとんどは、土地から生産される植物等の一次生産物から食物連鎖を経て存在しており、土地の有効な利用は生物の多様性に直結する課題である。

　近年、人口の膨張に対応した農産物の収穫拡大、そのための開墾、化学肥料の過剰投入などにより土地の劣化が指摘されている。

砂漠化への取り組み

　土地の劣化は乾燥地域を中心に進行しており、砂漠化へと進むメカニズムも徐々に明らかになってきている。それに国際的に対処するため、国連砂漠化対処条約が1994年に採択され、取り組まれてきている。

　国連砂漠化対処条約では、砂漠化は「乾燥地域、半乾燥地域、乾燥半湿潤地域における気候上の変動や人間活動を含むさまざまな要素に起因する土地の劣化」と定義している。この影響を受けやすいとされる地域は、地球上の面積の4割以上に達し、そこに暮らす人々は20億人以上に及び、その少なくとも90％は開発途上国の人々と推定されている。砂漠化は、食糧の供給障害、水不足、貧困の原因にもなっている。

　砂漠化の影響を受ける、乾燥地域に住む多くの人々の農業や生活等の人間活動が、その土地利用、脆弱化への圧力となり、さらに土地の劣化を進行させ、砂漠化が一層進行するという悪循環となっている。

　わが国は湿潤な気候に恵まれ、砂漠化した地域はほとんど無く、影響は顕著でないとされてきた。しかし、近隣国での砂漠化が進み、そこから偏西風に乗って運ばれてくる砂塵とそれに付着した汚染物質が観測され、健康被害が起きるなど、その飛来によりわが国の国民の生活環境に影響を及ぼし、被害は拡大していることが確認されている。

19 循環型社会を目指して

07 エネルギー　08 経済成長　09 産業革新　11 まちづくり
12 生産と消費

重要度 ★☆☆

3R と循環型社会

　大量生産、大量廃棄型の社会が、限りある資源、地球の持続的な発展面から限界が見通され、循環型社会の考え方が浸透しつつある。廃棄物の発生抑制（Reduce）、再使用（Reuse）、リサイクル（Recycle）の3Rの考え方を推進する政策が行われている。この考え方は諸外国へも広がり、先進8か国サミットの場のみならず、東アジアサミットの場等を利用して、わが国が実施する途上国への政策支援として積極的に展開を行っている。

◆循環型社会においての処理の優先順位

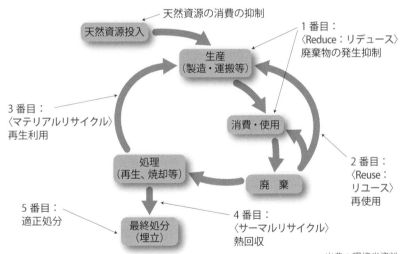

出典：環境省資料

point 循環型社会形成推進基本法（循環型社会基本法）では、発生抑制（Reduce）⇒再使用（Reuse）⇒マテリアルリサイクル⇒サーマルリサイクル⇒適正処分の順に優先するべきことを示している。

わが国における物質フロー

　わが国全体での物質の流れを推計し、物質投入量、社会蓄積量、廃棄量、循環利用量として毎年物質フローを発表している（下図参照）。年間14億9,800万tの物質が入り、うち5億4,600万tが廃棄物となることがわかる。循環社会の定着と経済成長の停滞、人口減少などの要因で物質投入量は徐々に減少する傾向がみられている。

◆わが国における物質フロー（2019年度）

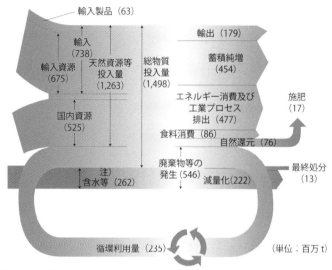

注）含水等：廃棄物等の含水等（汚泥、家畜ふん尿、し尿、廃酸、廃アルカリ）及び経済活動に伴う
　　土砂等の随伴投入（鉱業、建設業、上水道業の汚泥及び鉱業の鉱さい）。
出典：環境省『令和4年版 環境白書』

循環型社会実現に向けての基本理念

　廃棄物処理に関しては循環型社会形成推進基本法では排出者が責任をもって処理を行う必要（排出者責任）が明記され、生産者は生産段階のみでなく、使用、廃棄段階まで責任をもつ、拡大生産者責任が定められている。

循環基本計画

　また、わが国では循環基本計画を定めて政策の柱を明確に据え、数値目標として、投入する天然資源量当たりの生産額（資源生産性）、投入した全資源量当た

りの循環資源量（入口循環利用率）、廃棄物発生量当たりの循環資源量（出口循環利用率）、最終処分量を目標として、年度ごとに達成の状況を調査し、新たな目標設定を行っている。2018年に第4次循環基本計画が制定され、地域循環共生圏による地域活性化などが政策の柱として示された。

> **point** **循環基本計画における2025年度への目標**（『令和4年版 環境白書』より）
> 資源生産性＝ GDP ／天然資源等投入量… 49万円／t
> 入口循環利用率＝循環利用量／（循環利用料＋天然資源等投入量）… 18%
> 出口循環利用率＝循環利用量／廃棄物等発生量… 47%
> 最終処分量… 1,300万t

3Rへの国際的な取り組み

循環型社会の構築は、狭い意味での環境保護にも直結し、持続性のある社会への確実なアプローチである。わが国は、その推進を国際社会とともに進めるため、2004年に米国ジョージア州シーアイランドで開催されたG8サミットで、3Rを通じた循環型社会の構築を目指す3Rイニシアティブを提案、先導して推進を図っている。また、アジアでの3Rの推進に向けて、アジア3R推進フォーラムを設立して推進させている。

> **用 語** **●循環型社会** 環境に与える負荷を最小限にするために、廃棄物発生の抑制、製品の循環資源としての利用、循環利用されない資源の適正な処分が行われる社会。持続可能な社会を構築するための必須条件。
> **●循環型社会形成推進基本法** 大量生産・大量消費・大量廃棄という社会を見直し、循環型社会を構築することを目的として2000年に制定。基本理念は排出者責任と拡大生産者責任であり、3Rの推進が明記されている。
> **●マテリアルリサイクル** 再生利用。廃棄物を製品の原材料として再利用すること。
> **●サーマルリサイクル** 熱回収。廃棄物を焼却した際に発生した熱を利用すること。公衆浴場、温水プール、地域の冷暖房のエネルギー等に利用されている。
> **●排出者責任** 廃棄物を出す人がその廃棄物のリサイクルや処分に責任をもつという考え方。
> **●拡大生産者責任** 生産者が、自ら生産する製品等について、使用され廃棄物となった後まで一定の責任を負うという考え方。

20 国際的な廃棄物処理の問題

08 経済成長　09 産業革新　11 まちづくり　12 生産と消費　　　重要度 ★★☆

増加する有害廃棄物の移動制限

　限りある地球の空間、膨張する人口、成長する経済は、地球上で廃棄物問題が多発する原因といえる。経済的に弱い国々への廃棄物の流入・移動が起こりやすく、環境問題につながる例が多くみられるようになった。特に、有害な廃棄物は健康被害を起こすおそれがあることから、有害廃棄物の国境を越える移動を制限したバーゼル条約が結ばれ、不適切な越境移動を取り締まっている。

バーゼル条約

　バーゼル条約は、1989 年 3 月スイスのバーゼルで、一定の有害廃棄物の国境を越える移動等の規制について国際的な枠組み、手続き等を規定したものである（1992 年 5 月に効力発生）。2020 年現在の締約国数は 187 か国である。わが国は、リサイクル可能な廃棄物を資源として輸出入しているが、地球規模の環境問題への積極的な国際貢献に通じることから、1993 年に加盟している。確実に有効利用される場合、輸出入が可能になる枠組みになっている。その枠組み等を有効に活用し、持続ある環境・社会の樹立を心がけたい。

◆世界の廃棄物量の推移と予測

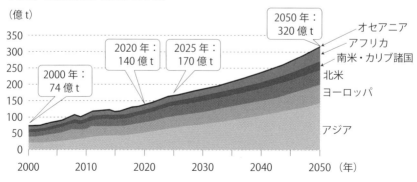

出典：廃棄物工学研究所「世界の廃棄物発生量の推計と将来予測 2020 改訂版」

21 国内の廃棄物処理の問題

08 経済成長　09 産業革新　11 まちづくり　12 生産と消費
17 実施手段　　　　　　　　　　　　　　　　　　　重要度 ★☆☆

廃棄物とは

　廃棄物の取り扱いは、わが国では廃棄物処理法で規定され、そこでは、事業活動により生じた、法で定められた 20 種類の産業廃棄物と、それ以外の一般廃棄物に分類されている。また、医療廃棄物などの感染性があるものや、爆発性のある廃棄物などは、別途、特別管理一般廃棄物／特別管理産業廃棄物としての管理が行われている。

◆廃棄物の区分

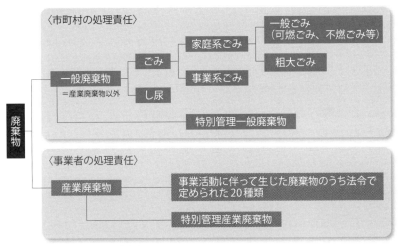

出典：環境省『令和 4 年版 環境白書』

> **point** 特別管理一般廃棄物…一般廃棄物のうち、揮発性、毒性、感染性その他の人の健康又は生活環境に関して被害を生ずるおそれのあるもの。
> 特別管理産業廃棄物…産業廃棄物のうち、爆発性、毒性、感染性その他の人の健康又は生活環境に関して被害を生ずるおそれのあるもの。

廃棄物の現状

　近年、一般廃棄物が 4,000 万 t 強、産業廃棄物が 4 億 t 弱、年間に排出処理されている。国民 1 人当たりの 1 日のごみの排出量は日本では 1 kg 弱になる。

◆ごみ総排出量

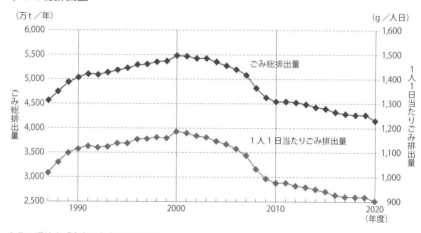

出典：環境省『令和 4 年版 環境白書』

　一般廃棄物の場合、循環使用（資源化）されるものは排出量のうち 20 ％程度であるのに対し、産業廃棄物の場合、再生利用されるものは 50 ％以上になる。これは、産業廃棄物の場合、量・質ともに再生利用しやすい排出物が多いことが挙げられる。循環利用の推進には、排出形態が重要である。

江戸時代の循環型社会

　江戸時代の社会生活では、かまどの灰からトイレの汚物まで有効に利用されるなど、高度な循環型社会が形成されていたと考えられている。当時は物資が豊富でなく、経済活動も現代に比べて盛んなものではなかったと思われる。その後、都市部での衛生環境整備、活発な経済活動からの廃棄物対策、排出物量の減量など社会的な取り組みが法の整備とともに引き継がれてきている。

　江戸時代の循環型社会では、3R に加え、Repair：修理、Return：土壌への還元があり、5R であったと指摘する意見がある。昔は傘の修理が町中で行われており、現在の夕立後の駅でみかける傘の投げ捨ては無かった。生活用品は、灰として、発酵残渣として畑に戻されて、土壌の質を維持してきたのである。

廃棄物処理法と社会問題

　法律や規則等で縛ることにより、環境の維持や排出者の認識を高めること、収集・処理の徹底などの効果が得られているが、法の規制をかいくぐった不法投棄、移動、処理が多発し、社会問題となっている。

> **point** 廃棄物処理法による規制
>
> - **処理基準（第6条）**…収集・運搬・中間処理、最終処分について、廃棄物の種類ごとに具体的に方法を定めている。
> - **保管基準（第8条）**…産業廃棄物を運搬するまでの間、囲いを設け飛散、流出、地下浸透、悪臭発散などが生じないような措置を講じなければならない。
> - **産業廃棄物管理票（マニフェスト）（第12条）**…事業者は、産業廃棄物の処理を業者に委託する場合、マニフェストを交付し、その回付により廃棄物が確実に処分されたことを確認しなければならない。
>
> 　マニフェストは7枚つづりの伝票で、排出事業者が運搬や処理事業者へ交付し、産業廃棄物の種類や数量、運搬や処理を請け負う事業者の名称などを記述している。これらを請け負った者は、業務が終了した時点でマニフェストの必要部分を排出事業者に渡し、適正に処理を終えたことを知らせ、それにより排出事業者は適正な処理が行われたことを確認する。
>
> ◆マニフェストの流れ
>
>
>
> 出典：公益財団法人 日本産業廃棄物処理振興センター（JWセンター）HP「産廃知識マニフェスト制度」
>
> - **処理業者の許可制（第7条・14条）**…産業廃棄物を業として行おうとする者は、一定の施設能力・申請者能力などを有する必要があり、一般廃棄物は**市町村長**の、産業廃棄物は**都道府県知事**の許可を受けなければならない。
> - **処理施設設置の許可制（第8条・15条）**…市町村長による一般廃棄物処理施設の設置を除き、焼却・脱水・破砕・最終処分などの廃棄物処理施設を設置しようとする者は、都道府県知事の許可を受けなければならない。また、**生活環境影響調査**を行わなければならない。

22 そのほかの廃棄物問題

09 産業革新　11 まちづくり　12 生産と消費　　　　　　重要度 ★★☆

PCBの保管と処分

　ポリ塩化ビフェニル（PCB）は発がん性を有し、分解、処分の方法確立に時間を要したため処理が難しく、なかなか進まずに問題となった。そのため、確立まで定められた機関で保管し、21世紀になってから処分にとりかかった。

　PCBは1972年に製造や使用が禁じられた後も工場などに大量に保管され、処理技術の困難さなどから処理が未完の状態が続いている。保管している組織の消滅や改編などで、不適切な保管が問題になった例も頻発していた。2001年に制定されたPCB特措法では無害化処理期限を延長するなど、対応を図っている。

不法投棄

　大都市周辺を中心に、**不法投棄**された現場が全国各地で発見され、**景観の損耗、汚染物質の流出や飛散**などが報告されてきた。監視の強化や罰則の徹底などで判明する不法投棄は減少方向が報告されているが、依然として原状回復がなされていない現場は数多くある。一時期、**最終処分場**の容量のひっ迫を受け、それに伴い、処分経費が高騰して、不法投棄の原因となったことが指摘される。

　不法投棄は厳しい監視、取り締まり・罰則により、減少傾向がみられている。個人の不法投棄に対しては、5年以下の懲役または1千万円以下の罰金または併科、法人に対しては3億円以下の罰金の定めがある。

　大都市周辺の土地が不法投棄先になっており、大量の廃棄物が見つかることが多い。しかし、青森と岩手県境などの例では、廃棄物の排出地から数百kmも離れた地域に長年にわたって不法投棄されている場所が見つかったこともある。

災害廃棄物

　近年は大規模な地震や豪雨により災害廃棄物が大量に出ることも少なくない。被災地の復旧にはこれらの適正な処分が不可欠である。自治体を超えた連携体制づくりなど、災害への備えが喫緊の課題である。

23 リサイクル制度

08 経済成長　09 産業革新　11 まちづくり　12 生産と消費
17 実施手段　　　　　　　　　　　　　　重要度 ☆☆☆

リサイクルのための法制度

　循環型社会構築に向けて、リサイクルを推進するための法律整備が進んできた。多くのリサイクル法は、循環型社会基本計画策定の 2000 年前後に成立している。対象の物品によって、以下のように個別法が定められている。

容器包装リサイクル法とプラスチック資源循環法

　容器包装リサイクル法（容リ法）は、プラスチックやアルミ等の容器包装で使われる素材のリサイクルに向け、経費負担、回収方法の確立を目指している。消費者が廃棄物を分別して出し、**市町村が分別収集**してリサイクル業者に引き渡し、事業者が**再商品化**（リサイクル）と、三者が**一体**となって廃棄物削減に取り組むことを義務づけている。

　プラスチック資源循環法は、環境配慮設計指針の策定や、プラスチック資源の回収・リサイクルなどが規定されており、プラスチックの資源循環を促進し、プラスチックごみを減らすことで持続可能な社会の実現を目的とした法律である。

◆**容リ法の概要**　出典：環境省 HP
「容器リサイクル法の概要」

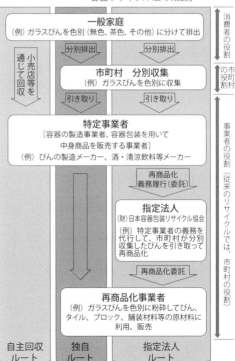

家電リサイクル法

　家電リサイクル法では、家庭用エアコン、テレビ、冷蔵庫・冷凍庫、電気洗濯機・衣類乾燥機の家電4品目について、小売業者による引き取りと製造業者等による再商品化（リサイクル）を義務づけている。消費者は購入した家電店へ引き渡し、リサイクル料金と収集運搬料金を支払うことが定められている。

　製造業者等はリサイクルを行う場合に、定められている再商品化率（55〜82%）を達成しなければならない（下のグラフ参照）。また、フロン類を使用している家電については、含まれるフロンを回収しなければならない。

◆再商品化率の推移（品目別）

出典：一般財団法人 家電製品協会
「家電リサイクル年次報告書 2021 年（令和 3 年）度版」

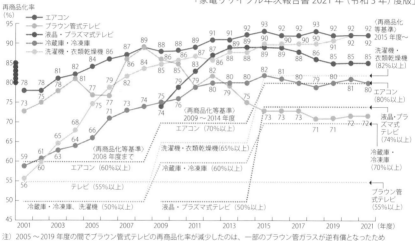

注）2005 〜 2019 年度の間でブラウン管式テレビの再商品化率が減少したのは、一部のブラウン管ガラスが逆有償となったため

・小型家電リサイクル法

　家電リサイクル法に続き定められた小型家電リサイクル法によって、家電リサイクル法対象外の小型電子機器等にも収集が定められている。民間事業者は市町村が収集した小型電子機器を引き取ってリサイクル事業を行うことができる。対象は携帯電話、デジタルカメラ、ゲーム機、時計、ドライヤーなど多岐にわたるが、これらにはレアメタル（⇒ P.37）が多量に含まれており、貴重な資源であることから都市鉱山とも呼ばれている。

・資源有効利用促進法

　同法の省令により、業務用、家庭用パソコンの回収と再資源化が製造業者に義務づけられている。

建設リサイクル法

　建設リサイクル法では、コンクリート塊、アスファルト・コンクリート塊、木材を合計床面積80m^{2}以上の建設工事で用いる場合の分別解体や再資源化を義務づけている。同法の施行により、建設廃棄物の最終処分量が減少し、また、不法投棄が多いとされてきたがその改善がみられている。

食品リサイクル法

　食品リサイクル法は、加工食品の製造・流通過程で発生する食品廃棄物について、最終処分量の減少と飼料や肥料等の原材料としての再生利用を定めた。一般家庭からの生ごみは対象外である。食品ロスは近年、社会問題化しているが、第4次循環基本計画（2018年）と食品リサイクル法に基づく基本方針（2019年）で、家庭及び食品事業者から出される食品ロスの量を2030年度までに半減させる（2000年度比）との目標を定めている。

自動車リサイクル法

　自動車リサイクル法は、シュレッダーダスト（廃自動車を破砕した廃棄物、プラスチック・ガラス・ゴムなどの破片の混合物）、フロン類、エアバッグ類等をリサイクルの対象としている。自動車は価値の高い部品が多く使われているが、使用済みの自動車は、引取業者、フロン類回収業者、解体業者、破砕業者など順に引き取り・処理される。シュレッダーダストとエアバッグなど個別にリサイクル率が設定されている。2021年度は、車1台としてのリサイクル率95％と目標を達成している。

◆自動車リサイクルの仕組み

出典：国土交通省「国土交通省と自動車リサイクル法」より作成

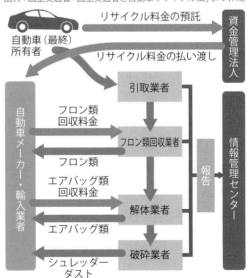

24 地域環境問題

典型7公害とは

環境基本法（1993年制定）は、循環型社会形成推進基本法（2001年施行）、生物多様性基本法（2008年施行）とともに、理念法として日本の環境法令の原点となっている。これまでの公害対策基本法（1967年施行）で対処が図られてきた、人の活動に伴って相当の範囲にわたって生ずる①**大気の汚染**、②**水質の汚濁**、③**土壌の汚染**、④**騒音**、⑤**振動**、⑥**地盤沈下**、⑦**悪臭**を、**典型7公害**として定義している。

公害紛争を処理する機関である公害等調整委員会は、毎年、地方自治体が受け付けた公害苦情処理件数を発表している。それによると、令和2年度の苦情件数は、約8万件で2年連続増加している。

典型7公害では、騒音（35.2%）が最も多く、次いで大気汚染（30.5%）、悪臭（20.0%）の順に多く、この3公害で全体の約8割以上を占める。主な発生原因は、焼却（野焼き）（19.6%）が最も多く、次いで工事・建設作業（14.5%）となっている。「騒音」「振動」「悪臭」では、約9割が「感覚的・心理的」被害となっている。

公害対策基本法と公害国会

公害対策基本法では、それまで限定した地域的な問題として訴訟の場で取り組まれてきた、イタイイタイ病、水俣病、新潟水俣病、四日市ぜんそくなどへの対応が前進した。また、同法を契機に、大気汚染防止法や騒音規制法など個別の規制法が整備されている。特に1970年には、公害関係法制の抜本的な整備を目的とし、集中的な討議を行う国会が召集され、幅広い公害関連14法案が成立しており、「公害国会」と呼ばれている。

環境問題の新たな局面

このように、わが国では次々と発生する公害問題と環境への要求に対してさまざまな制度の充実が図られてきた。法整備、国民や企業の努力によって、激甚な

公害の克服や自然環境の保護保全については、相当な成果を上げてきた。クリーナープロダクションなど生産システムの開発もみられた。

その後、社会経済活動の進展とともに、都市・生活型の汚染の問題等が起きている。また、増加する廃棄物により、身近な自然がさらに減少を続ける一方、良好な環境を求め、自然とのふれあいを大切にする国民の欲求が高まっている。

加えて、複数の環境項目にまたがる課題が多く認識されるようになり、これらの問題について環境を総合的かつ一体的にとらえる対策が必要になった。

さらに地球の温暖化やオゾン層の破壊、海洋汚染、生物多様性の減少など、地球的規模で対応すべき問題が生じてきた。1980年代半ばから高まりをみせたこの地球環境問題について、わが国は国際的な場で関与を表明してきている。地球規模という空間的広がりと将来の世代にもわたる影響という時間的広がりを視野にいれた施策が必要となっている。

今日の環境問題は、従来とは発生の原因、構造ともに大きな変化があり、解決のためには、これまでの問題対処型の法的枠組みから、環境への負荷の少ない持続的発展を可能にする方向が求められている。社会経済活動や国民の生活様式のあり方も含め、環境保全の多様な施策には総合的かつ計画的な施策が必要であり、新たな法的な枠組みとして環境基本法が制定されたといえる。

◆公害や環境問題に関する法律

典型7公害対策	**大気汚染防止法**、自動車NOx・PM法、**水質汚濁防止法**、土壌汚染対策法、**騒音規制法**、振動規制法、悪臭防止法
廃棄物・リサイクル関連法	**廃棄物処理法**、産廃特措法、PCB特別措置法、循環型社会形成推進基本法、資源有効利用促進法、**容器包装リサイクル法**、家電リサイクル法、食品リサイクル法、建設リサイクル法、自動車リサイクル法、プラスチック資源循環法
化学物質対策	**化審法**、**化管法**、農薬取締法、ダイオキシン類対策特別措置法
エネルギー対策	エネルギー政策基本法、省エネ法、新エネ法、再生可能エネルギー特別措置法
地球環境問題対策	オゾン層保護法、フロン回収・破壊法、地球温暖化対策推進法、バーゼル法
生物多様性、自然環境保護	**生物多様性基本法**、**種の保存法**、カルタヘナ法、外来生物法、自然公園法、自然再生推進法

用　語 ●**クリーナープロダクション**　環境への負荷を抑えた生産システム。

25 大気汚染のメカニズム

硫黄酸化物と窒素酸化物の影響

　燃料を燃焼する時に、燃料中の硫黄分が硫黄酸化物（SOx）として大気中に放出され、ぜんそく等の呼吸器疾患を引き起こすとともに酸性雨を生成する。また、燃料中の窒素分、燃焼空気中の窒素と酸素が窒素酸化物（NOx）を発生させ、呼吸器系への悪影響や、酸性雨、浮遊粒子状物質として環境への悪影響がある。

揮発性有機化合物と浮遊粒子状物質の影響

　塗料や接着剤、洗浄剤、ガソリンなどに含まれるトルエン、キシレン、酢酸エチルなどの揮発性有機化合物（VOC）は、大気中の光化学反応により、光化学スモッグや、浮遊粒子状物質（SPM）を引き起こす原因物質の1つとされている。

　そのほかにも多くの汚染物質の有害性が懸念されており、政府の審議会では、「有害大気汚染物質に該当する可能性がある物質」が248物質、「優先取組物質」がベンゼン、ジクロロメタン、トルエン、クロロホルムなど23物質としている。

PM2.5

　大気中に浮遊する粒子状物質のうち、粒径が10μm以下のものが浮遊粒子状物質（SPM）と呼ばれている。微小なため大気中に長期間滞留し、肺や気管などに沈着して、呼吸器に影響を及ぼす。SPMには、工場などから排出されるばいじんや粉じん、ディーゼル車の排出ガス中に含まれる黒煙など人為的発生源によるものと、土壌の飛散など自然発生源によるものがある。

　粒径2.5μm以下のものは、PM2.5と呼ばれ、通常のSPMよりも微粒であることから、肺の奥まで入り込み、ぜんそくや気管支炎等の原因として懸念されている。わが国でも、2009年9月に環境基準が「1年平均値15μg／m³以下かつ1日平均値35μg／m³以下」と設定され、環境の監視、対策が講じられている。全国の1,000地点に及ぶ常時監視測定局では、PM2.5の年平均値は依然として低いとはいえず、この問題は続いている。

◆大気汚染物質の排出

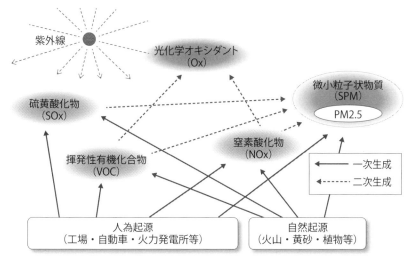

出典：東京都環境局「微小粒子状物質（PM2.5）対策」より作成

用 語　●**硫黄酸化物（SOx）** ⇒ P.79

●**窒素酸化物（NOx）** ⇒ P.79

●**揮発性有機化合物（VOC）**　大気中に揮発する有機化合物の総称で、塗料等の溶剤として用いられる。浮遊粒子状物質（SPM）や光化学スモッグの原因物質であるため、2004年に大気汚染防止法の規制対象物質となった。

●**浮遊粒子状物質（SPM）**　大気中に浮遊する粒子状の物質のうち、粒径10μm以下のものをいう。ボイラー、焼却炉などから直接排出されるものと、SOxやNOx、VOC等のガス状の物質が、大気中での化学反応により粒子化したものとがある。

●**有害大気汚染物質**　低濃度でも長期的な摂取により、発がん性などの健康影響が生ずるおそれのある物質。

●**ばいじん**　物質が燃焼した際に発生する、すすなどの微小な物質。

●**粉じん**　大気に浮遊する粒子状の物質。セメント粉、石炭粉、鉄粉などがあり、アスベストも特定粉じんとして含まれる。

●**PM2.5**　浮遊粒子状物質（SPM）のうち、特に粒径が2.5μm以下と小さいもの。肺の奥深くまで入りやすく、呼吸器系や循環器系への影響が懸念されている。

●**アスベスト**　天然の繊維状ケイ酸塩鉱物。繊維がごく細いため大気中に飛散しやすい性質がある。かつては防音材、断熱材、ブレーキの部材などの製品に使用されていたが、人が吸引すると、じん肺や中皮腫の原因になるとされて、現在は代替が困難なものを除き、製造が禁止されている。

26 大気環境保全

大気汚染防止法

大気環境保全に必要な施策を定めている大気汚染防止法は、固定発生源からの環境基本法で設定されている環境基準に対応することを目標に、汚染物質ごとに、施設の種類や規模に応じた排出基準が定められ、基準順守を求めている。

排出規制としては、量規制、濃度規制及び総量規制の方法があり、環境基準を確保する困難性や工場規模により規制を定めている。

大気環境基準

主な大気汚染物質ごとに大気環境基準が定められ、全国に設置された 1,500 地点以上の測定局からの値が公表されており、環境基準の達成度を確認できるようになっている。その結果から、中国から飛来する黄砂や、火山噴火による硫黄酸化物などが検知されることがある。

自動車等の移動発生源についても、400 地点以上の観測局が配置され、環境を常時監視している。それらの結果をもとに、自治体では発生対策の要請を発出するなど施策を講じている。

◆大気環境基準

物　質	環境上の条件
二酸化硫黄（SO_2）	1 日平均値が 0.04 ppm 以下、かつ 1 時間値が 0.1 ppm 以下
一酸化炭素（CO）	1 日平均値が 10 ppm 以下、かつ 1 時間値の 8 時間平均値が 20 ppm 以下
浮遊粒子状物質（SPM）	1 日平均値が 0.10 mg/m^{3}以下、かつ 1 時間値が 0.20 mg/m^{3}以下
二酸化窒素（NO_2）	1 日平均値が 0.04 ppm から 0.06 ppm までのゾーン内又はそれ以下
光化学オキシダント（Ox）	1 時間値が 0.06 ppm 以下

出典：環境省「大気汚染に係る環境基準」

27 水質汚濁のメカニズム

03 保健 | 06 水・衛生 | 12 生産と消費　　　　重要度 ☆☆☆

水質汚濁の原因

「水に流す」などの用語があるように、汚染物質を水に流すことにより汚染が浄化されるイメージが残り、一時、河川、湖沼、海域などの水質汚濁が著しかった時期がある。特に閉鎖性水域での汚染は課題が残されている。

汚染の原因は、農・牧草地からの肥料、農薬などの排水や、流域の工場や事業所からの産業排水、下水など多岐にわたる。自然に浄化される限度を超えた汚染が水質汚濁として現れ、重金属汚染、窒素化合物やリン酸塩に起因する富栄養化による水質の悪化、人間や動植物への被害、BOD や COD の悪化、それらに伴う悪臭などの被害が顕著になる。

環境基準の達成度も大気に比べ低い傾向がある。

◆公共用水域の環境基準達成率の推移

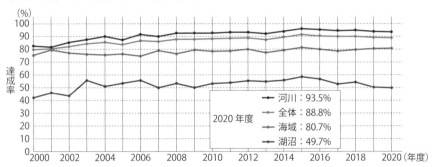

出典：環境省『令和4年版 環境白書』

地下水についても、土壌を浸透して流入する肥料、家畜排せつ物、生活排水などが原因と考えられる汚染が進んでいることが報告されている。

> **用語**
> ●**閉鎖性水域**　湖沼、内湾、内海など水が出入りしにくい水域のこと。
> ●**富栄養化**　窒素化合物、リン酸塩などの栄養塩類の増加により、プランクトンなどの生物が増えやすい状態のこと。

28 水環境保全

06 水・衛生　14 海洋資源　15 陸上資源　17 実施手段　　　重要度 ★★☆

水質汚濁の対策

公共用水域や地下水の水質は、環境基本法による環境基準、水質汚濁防止法による規制がかけられているうえ、下水道法の規定を守ることが求められ、さらに地域によっては特別な措置法の規定がある。

公害問題の起点とされる河川水対策から、わが国では技術開発が重ねられ、物理的、化学的方法を駆使して浄化に取り組んできた。最近は生物化学的な処理を行う活性汚泥法が多くの事業所に導入されている。自治体では生活排水とともに、し尿と併せて処理をする合併処理が採用される例も多く、この処理により発生する汚泥は、産業廃棄物の中でも膨大な量になっている。

わが国の環境問題の始まりとして指摘される足尾銅山鉱毒事件は、渡良瀬川流域での鉱毒ガスや鉱山廃水が原因とされている。そのほか、わが国の四大公害病は、四日市ぜんそく以外は水質汚染が原因である。産業活動に伴う汚染のほか、日常的に生活排水や農業排水が流れ込む河川、湖沼、内海、沿海では富栄養化に伴う水質変化が、人間など生物の居住環境を依然、脅かしている。

環境省、農林水産省、国土交通省の合同の調査結果によれば、2021年末の全国の汚水処理人口普及率は92.6％である。人口規模の大きな都市の汚水処理人口普及率は高く、人口5万人未満の市町村の汚水処理人口普及率は82.7％で、大都市と中小市町村で大きな格差がある。徐々にではあるが、普及率は年々、向上している。

point 日本の下水処理場の多くでは二次処理方式が採用されている。比較的大規模の下水処理施設では活性汚泥法を中心とする好気性生物処理法、比較的小規模ではオキシデーションディッチ法が散見される。また、二次処理と同時に高度処理を行う嫌気無酸素好気法も導入されている。

処理の結果発生する汚泥は、多くの水分を含むことから利用を困難にしている。自治体の処理場では、堆肥化や骨材資源化などに取り組んでいる。

水循環の保全

　水は国民生活及び産業活動に重要な役割を果たしており、健全な水循環の維持又は回復のため、水循環基本法が2014年に制定されている。その中で、国、地方自治体、事業者、国民の役割が明記された。

◆健全な水循環系構築のイメージ

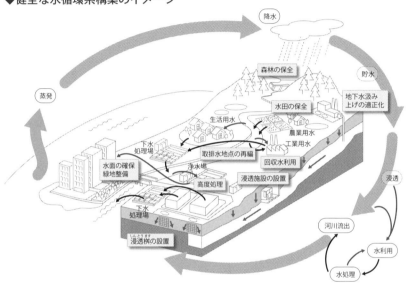

出典：内閣官房水循環政策本部事務局「水循環基本法 水循環基本計画」

　地球上の水は、太陽のエネルギーによって海水や地表面の水が蒸発し、上空で雲になり、雨や雪になって地表面に降る。それが川となり海に至る循環を行っている。この水循環によって塩分を含む海水も淡水化され、利用可能な淡水資源が作り出されている。このため、持続的に使うことができる水の量は、ある瞬間に河川や湖沼等の水として存在する淡水の量ではなく、絶えず「循環する水」の一部である。水循環を健全に保つことが持続的な社会の構築において重要である。

> **用　語**　●**水質汚濁防止法**　工場排水に含まれる有害物質を規制する目的で1970年に制定された。その後、生活排水による河川・湖沼の水質汚濁や有害物質による地下水汚染という新たな問題に対応するために改正。有害物質28種類の排出基準や、BOD、CODなどの生活環境項目について水質基準を設定している。

29 土壌・地盤環境

11 まちづくり　12 生産と消費　　　　　　　　　重要度 ★★☆

土壌汚染とは

　典型7公害の中で、法整備が遅れていた土壌汚染であるが、2002年に土壌汚染対策法が制定され、対策が進んできている。土壌汚染は、一般的に汚染物質の移動が少ないこと、被害を長期にわたり及ぼすことなど、そのほかの汚染と異なる面を持つ。この法律では、当該土壌を浸透した地下水や土壌中の汚染物質として対象にしている。

　汚染された土壌は、掘削除去し、高温焼成により除染するほか、もともと土の中に生息している微生物を活性化させて、バイオの力により汚染を分解させていくバイオレメディエーションをはじめとする原位置浄化もある。

　なかでも、揮発性の有機溶剤、重金属類、農薬等の29物質を特定有害物質と定め、特に重金属については、土壌含有量基準が設定されている。有害物質を扱った施設の廃止時などには土壌汚染状況の調査実施を土地所有者に求めている。

> **point** **特定有害物質**　土壌に含まれることにより地下水に溶け出し、それを口に入れることによって健康被害を受けるおそれがある物質。土壌汚染防止法で指定され、以下は種類別の主な物質である。
>
> **■揮発性有機化合物（VOC）**
> クロロエチレン、四塩化炭素、1,2-ジクロロエタン、1,1-ジクロロエチレン、1,2-ジクロロエチレン、1,3-ジクロロプロペン、ジクロロメタン、テトラクロロエチレン、1,1,1-トリクロロエタン、1,1,2-トリクロロエタン、トリクロロエチレン、ベンゼンの12物質
>
> **■重金属等**
> カドミウム及びその化合物、六価クロム化合物、シアン化合物、水銀及びその化合物、セレン及びその化合物、鉛及びその化合物、砒素及びその化合物、ふっ素及びその化合物、ほう素及びその化合物の9物質
>
> **■農薬等**
> シマジン、チオベンカルブ、チウラム、ポリ塩化ビフェニル（PCB）、有機リン化合物の5物質

土壌汚染の課題

　土壌汚染に関しては、比較的最近に対処が始まり、状況が見えにくい特徴を持つ。汚染の除去が困難な場合も多く、歴史的に汚染が進行している例もあり、今後も法律・技術面での進捗がなされると思われる。

point　未然防止対策と措置

　土壌汚染を未然に防止するために、土壌汚染対策法のほか、さまざまな法律により規制が行われている。
- **水質汚濁防止法**…有害物質を含む排水と汚染された水の地下への浸透を規制
- **大気汚染防止法**…工場や事業所からのばい煙の排出を規制
- **廃棄物処理法**…有害廃棄物の埋め立て方法を規制
- **農薬取締法**…土壌への農薬残留を規制

　また、汚染された土壌には、以下の方法により措置がとられている。
- **掘削除去**…汚染された土壌を掘削し、特定有害物質を取り除いてもとの土壌に戻すこと。
- **原位置浄化**…汚染土壌はそのままで、抽出・分解などにより特定有害物質を基準値以下まで除去すること。近年、微生物などの浄化作用を活用したバイオレメディエーションに注目が集まっている。

地盤沈下とは

　地下水の過剰な採取や天然ガスの採掘などに起因する地盤沈下が時折、報告されている。沈下した地盤は短時間では回復せず、沈下量は進行とともに年々増加する場合が多い。したがって、年間の沈下量がわずかであっても、長期間では建物等の損壊や洪水時の浸水域が増す等の被害をもたらす危険性がある。

　このため、地盤沈下を抱える地方公共団体では条例により地下水採取制限に取り組み、地盤沈下は沈静化の傾向にあるといえる。しかし、依然、水溶性天然ガス溶存地下水の揚水が多い地域や、冬期の消融雪用水、都市用水、農業用水などの地下水利用が多い地域などを中心に地盤沈下が継続しており、必要な対策が取られている。

　広域で地盤が沈む原因としては、地震などの地殻変動による自然現象を要因とするものや、地下水の多量のくみ上げや鉱物・天然ガスなどの採取に伴う掘削による人為的要因が挙げられる。

地盤沈下への対策

　大量の地下水の採取を防ぐため、揚水を規制する法令が制定されている。地盤沈下が著しい地域では地盤沈下防止等対策要綱を策定し、対策が推進されている。

　地盤沈下を防ぐため、地下水くみ上げに地下水採取届出書の提出が必要となり、法令による揚水規制が一定の効果を上げている。しかし、規制を受けて揚水を停止した結果、地下水位が上がり、地下室が浮くなどの問題がみられた例もある。

　水準点は公共工事の測量などのほか、地盤沈下の定期的な観測の基準としても使われている。その観測から、地盤沈下が継続しているか沈静化したかが示される。

　当初は気にならない程度の小さなゆがみでも、時間が経つにつれて大きな沈下になることがある。床の傾きは企業においては生産性の低下のみならず、従業員の安全をも脅かし、住民の健康被害も起こす。また、沈下修正工事施工後にも、再沈下が起きてしまうこともある。工法と業者選定は慎重に行う必要がある。

土壌汚染と地盤沈下の事例

　土壌汚染が指摘される土地は、当時の法律や規制に沿って操業が行われてきた産業施設が立地していた場合が多い。その生産活動の中で、地下水利用が活発で、地下構造物の構築、地下資源の採掘が行われていた事例もある。また、旧日本軍の作った地下構造物を利用した施設を活用する例もある。これらが年月を経て地盤沈下を起こす要因になることがある。

　この場合、土壌汚染と地盤沈下が同時に進行するが、ともに敷地の地下、敷地内で起こる現象であるため、被害が表面に出にくい件である。

　新東京都中央卸売市場（豊洲市場）は、土壌汚染が社会問題になったが、新たな建物の不同沈下が報告され、対処されている。同市場のホームページでは、土壌汚染への対策の経過とともに、地下水位の情報も継続して明らかにしている。

> **用　語** ●**土壌汚染対策法**　2002年に制定。有害物質使用施設の跡地などに土壌汚染調査を義務づけた。また、2010年の改正で、一定面積以上の土地の形質変更時にも汚染状況調査を義務づけた。調査の結果、基準値以上の特定有害物質が検出された場合は、都道府県知事による要措置区域の指定・公示が行われ、土地所有者への汚染の除去命令により、土地の浄化を進めなければならない。
> ●**水質汚濁防止法**⇒ P.99　●**大気汚染防止法**⇒ P.96

30 騒音・振動・悪臭

03 保健　　11 まちづくり　　　　　　　　　　重要度 ☆☆☆

3つの感覚公害

　騒音、振動、悪臭を「感覚公害」として人の感覚を刺激し、不快感やうるささとして受け止められる環境汚染の一分野とすることがある。

　これらは、環境基本法で環境基準が定められており、騒音規制法などの法律や措置、基準によって規制を定めている。

苦情件数の推移

　苦情件数でこれら感覚公害の経年変化が推定されるが、悪臭の苦情件数は、廃棄物処理法によって野焼きが禁止された2000年代初めから減少している。今後も、自治体を中心に、環境改善努力が続けられていくと考えられる。

◆騒音・振動・悪臭に関する苦情件数の推移

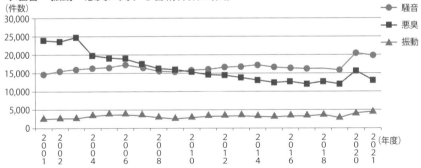

出典：環境省「騒音規制法施行状況調査」「振動規制法施行状況調査」「悪臭防止法施行状況調査」

> **point　航空機騒音・新幹線騒音**
> 　1960年代以降、航空機や新幹線の騒音が社会問題となり、訴訟に発展した事例がある。航空機騒音では「大阪空港公害訴訟」がよく知られている。空港周辺の地域住民への損害賠償、夜間離着陸の差し止めを求められた。70年代には「航空機騒音に係る環境基準」「新幹線鉄道騒音に係る環境基準」が定められた。

31 都市化と環境

03 保健　　07 エネルギー　　09 産業革新　　11 まちづくり　　　　重要度 ★★☆

都市化における環境問題

　人口集中による都市化は、それに伴う人口、物流、交通の集中や、自然の回復能力を上回る活動の集積など、環境にひずみを招く。

　顕著な問題として、都市域での夏季の高温（ヒートアイランド現象）、排水機能に追いつかないゲリラ豪雨（都市型洪水）、夜間のネオンや照明（光害）がある。

コンパクトシティ化の推進

　また、地方都市のスプロール化、スポンジ化も問題化しており、国土交通省では、コンパクトシティ化を検討してきた。人を都市部に集約し、社会インフラを効率的に利用、持続可能な社会・低環境負荷な都市を実現しようとする構想である。

　国の政策に基づき、試験的にコンパクトシティ化を進めた例では期待したような人口、社会インフラの集約効果がみられなかった。問題点を克服し、修正することが必要である。

用語

●ヒートアイランド現象⇒ P.108

●都市型洪水　降雨により急激な河川の増水や氾濫が起こること。土地がコンクリートやアスファルトに覆われてしまった都市においては、その土地が持っていた保水機能や遊水機能を失っている。そのため、雨水が土にしみ込まずに短時間に一気に川に流れ込んでしまい、こうした現象を招くといわれている。

●光害　屋外照明の増加や過剰照明などにより、まぶしさなどの不快感、信号などへの認知能力の低下、農作物や動植物などへの悪影響が報告されている。

●スプロール化　都市が無秩序な開発により、虫食いのように広がっていくこと。

●スポンジ化　都市に未利用地が増え、内部の密度が低下すること。

●コンパクトシティ　店舗や公共施設、住宅など生活に必要な機能を近隣に集中して配置した都市構造のこと。公共交通機関や自治体サービスの配置によって、自動車をあまり使わなくても不便なく生活を送れるなど、資源を効率よく利用できる。

32 交通と環境

11 まちづくり　13 気候変動　　　　　　　　重要度 ☆☆☆

交通に関わる環境問題

　自動車や鉄道の発達は、人々の生活を豊かにする面を持つ反面、環境面では課題を生んでいる。

　騒音問題において、環境省では自動車騒音常時監視を2000年度から実施しており、その結果によると徐々にではあるものの改善傾向が確認されている。自動車に限らず、鉄道騒音、航空機騒音なども深刻なものがあり、裁判に持ち込まれている例もある（⇒ P.103）。そのほかに交通に関わる環境問題としては、自動車排ガスなどの大気汚染や振動などが挙げられる。

環境問題への対策

　そのため、都市内での移動が必要最小限で済むような設計とするコンパクトシティの実現、移動を効率的に行えるパークアンドライドやカーシェアリングの導入などに取り組む自治体が増えている。自動車メーカーでは環境負荷の低い車両（エコカー）の開発が鋭意続けられ、運転方法（エコドライブ）の開発、ITS（高度道路交通システム）の普及も進んでいる。国としても税制面から環境負荷の低い自動車の普及を促進するエコカー減税、グリーン化特例を導入している。

　消費者も、より環境負荷の少ない移動手段への転換（モーダルシフト）、燃料選択（バイオ燃料、燃料電池車など）を自主的に進めている。国や自治体もこれらの動きを支援している。

　世界各国でガソリン車の販売を禁止し、電気自動車等の導入を推進する動きも目立ってきている。日本でも2035年までに、新規販売車は100%電動車（電化してCO_2排出を低減する車、ハイブリッド車も含む）にする目標が立てられた。

> **point** 次世代自動車の種類…・燃料電池車　・電気自動車　・天然ガス自動車
> ・ハイブリッド自動車　・プラグインハイブリッド自動車　・クリーンディーゼル自動車（乗用車）

◆輸送量あたりの CO_2 排出量

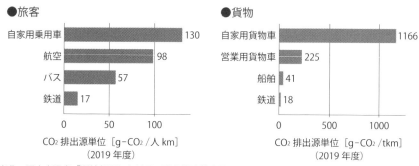

●旅客

- 自家用乗用車 130
- 航空 98
- バス 57
- 鉄道 17

0 50 100

CO_2 排出源単位 [g-CO_2 /人 km]
（2019 年度）

●貨物

- 自家用貨物車 1166
- 営業用貨物車 225
- 船舶 41
- 鉄道 18

0 500 1000

CO_2 排出源単位 [g-CO_2 /tkm]
（2019 年度）

出典：国土交通省「運輸部門における二酸化炭素排出量」

◆環境問題の区分

●わが国の各部門における CO_2 排出量

●運輸部門における CO_2 排出量

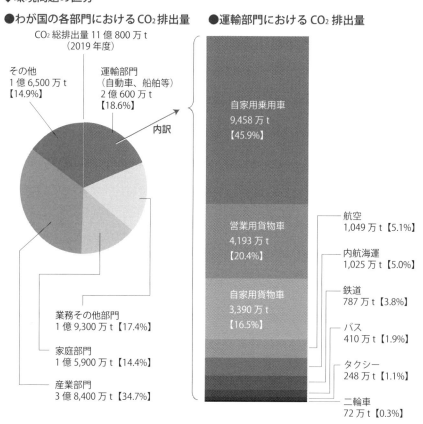

CO_2 総排出量 11 億 800 万 t
（2019 年度）

その他
1 億 6,500 万 t
【14.9%】

運輸部門
（自動車、船舶等）
2 億 600 万 t
【18.6%】

内訳

業務その他部門
1 億 9,300 万 t【17.4%】

家庭部門
1 億 5,900 万 t【14.4%】

産業部門
3 億 8,400 万 t【34.7%】

自家用乗用車
9,458 万 t
【45.9%】

営業用貨物車
4,193 万 t
【20.4%】

自家用貨物車
3,390 万 t
【16.5%】

航空
1,049 万 t【5.1%】

内航海運
1,025 万 t【5.0%】

鉄道
787 万 t【3.8%】

バス
410 万 t【1.9%】

タクシー
248 万 t【1.1%】

二輪車
72 万 t【0.3%】

出典：国土交通省「運輸部門における二酸化炭素排出量」

point ロードプライシング

　道路利用に対して一定の料金を課すことによって、環境負荷削減または交通渋滞緩和あるいはその両方を解決しようとする政策である。

　モータリゼーションの浸透によって、特に都市内や都市周辺道路で交通渋滞が激しくなっている。それに対して道路の建設、拡幅などにより渋滞を緩和して解消してきたが、財政的・地理的な制約もあり、道路利用に対して課金することで需要を抑制することにより、混雑を解消、緩和しようとする世界的な動きがある。また、その課金が道路建設の資金調達のために実施されることもあり、ロードプライシングにはさまざまな目的や形態がある。

　ロードプライシングは一般道路への課金を主体とするために、低所得者の道路へのアクセスを制限する問題点も指摘されている。国民的な同意を得ることが困難な場合が多く、多くの国々で実施が求められながら挫折した事例は多い。

　最初にロードプライシングが導入されたのは、シンガポール（1975年）であるとされている。また、ロンドンでは2003年からロードプライシングが実施されている。そのほか、北欧を中心にロードプライシングの実施がなされており、米国にも導入事例がみられる。

用　語　●**パークアンドライド**　最寄り駅やバス停までは自動車を利用し、途中で電車やバスに乗り換えて目的地まで移動する方式。
●**カーシェアリング**　自動車を個人で所有するのではなく、1台の自動車を複数の人が、それぞれ必要なときだけ借りて、共同で利用する形態。
●**エコドライブ**　環境への負荷を抑えた自動車の運転。燃費のよい自動車や運転技術の普及もその一環である。
● **ITS（Intelligent Transport Systems）**　情報通信技術の活用により、事故や渋滞、環境問題などを解決するシステム。カーナビやETCも含まれる。
●**エコカー減税**⇒ P.157
●**グリーン化特例**　環境保護のため、燃費のよい自動車への買い替えを自動車税の減税や増税によって促進する制度。電気自動車への減税や、新車登録から13年を経過した自動車（ガソリン車、LPG車）への増税などの措置がある。
●**モーダルシフト**　貨物輸送を、環境負荷の少ない鉄道や船舶に切り替えることで排出する二酸化炭素の量を減らすこと。
●**バイオ燃料**　菜種やパーム、大豆等の植物油や廃食用油等を原料として作られる燃料。ディーゼル車に利用される。サトウキビを原料とする廃糖蜜や、小麦・とうもろこしのデンプンなどを原料として作られるアルコールとガソリンを混合した燃料もバイオ燃料として提供されている。

33 ヒートアイランド現象

07 エネルギー　11 まちづくり　13 気候変動　　　　　　重要度 ☆★★

ヒートアイランド現象とは

　都市部に活動が集中することにより、都市部で多量のエネルギー消費が起こり、排熱量の増加などが起きる。また、生活環境改善のため、道路や空地の舗装、建物の密集などにより都市域の熱汚染（ヒートアイランド）現象が観測されている。

> **point** ヒートアイランド現象の原因…①アスファルト舗装やコンクリートなどの人工建造物が増えたことにより、熱を吸収し蓄積しやすくなった。
> ②地表から緑地、水面、農地が減少したために、熱の蒸散効果が低下した。
> ③エアコン、自動車などが増加したことによって、人工排熱量が増加した。

ヒートアイランド現象の影響

　ヒートアイランド現象の影響と思われる熱帯夜（夜間の最低温度が25℃以上）や、猛暑日（1日の最高気温が35℃以上の日）の増加が目立ってきている。都市部の記録的降雨、それに伴う都市型洪水の多発もヒートアイランド現象によるものと理解されている。

◆ヒートアイランド現象によるさまざまな影響の例

	影響項目	影響の内容
人の健康	熱中症	高温化（主に夏季）による熱中症の発症の増加
	睡眠阻害	高温化（主に夏季の夜間）により夜間に覚醒する人の割合が増加、睡眠の阻害
人の生活	大気汚染	熱対流現象により、大気の拡散が阻害され、大気汚染濃度の上昇／高温化（主に夏季）による**光化学オキシダント**の高濃度となる頻度の増大
	エネルギー消費	夏季の高温化による**冷房負荷**とエネルギー消費の増加
	集中豪雨	**地表面**の高温化により都市に上昇気流／大気の状態によっては、積乱雲となって短時間の激しい降雨
植物の生息	開花・紅葉時期の変化	春の**開花**時期が変化／**紅葉**時期の遅れ

出典：環境省「ヒートアイランド対策ガイドライン平成24年度版」より作成

ヒートアイランド対策

　ヒートアイランド対策として、わが国はヒートアイランド対策大綱を定め（2004年策定、2013年改定）、省エネルギー、熱環境の改善にむけた幅広い具体的施策を示している。それらの効果や優先度を定め、実施者のコンセンサスを得て着実に取り組むことが求められる。

　自治体、企業によっては大綱に沿うように、緑のカーテンや、公園・屋上の緑化の推進、水場の設置などさまざまな形でクールスポットを作り出せるよう対策がとられている。

◆ヒートアイランド対策の模式図

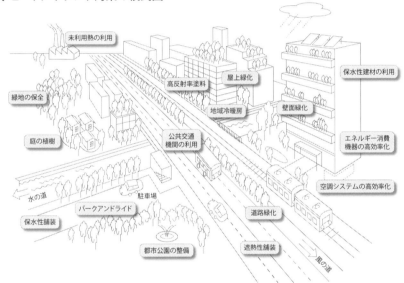

出典：環境省「ヒートアイランド対策ガイドライン平成24年度版」

用　語　●**緑のカーテン**　家の外側の窓や壁に、ツル性の植物をネットで這わせ、日光を遮る取り組み。室内温度の上昇を抑え、蒸散作用による気温低下などの効果がある。
●**クールスポット**　水辺や森林、公園など夏でも涼しく過ごせる場所。
●**屋上緑化**　建物の屋上や屋根に植物を植え、断熱・保温性を高めること。東京都では自然保護条例により一定規模の面積の新築・改築建築物で義務づけられている。

34 化学物質のリスク評価

03 保健　　12 生産と消費　　　　　　　　　　重要度 ★★☆

化学物質へのリスク対策

　私たちの生活空間には数多くの化学物質があふれ、豊かな生活を作り出しているが、物質によっては人の健康を損なうおそれ又は動植物の生息・生育に支障を及ぼすおそれがあるものがある。

　それら化学物質による環境の汚染や危険を防止することから、「化学物質審査規制法」（化審法）が 1973 年に制定されている。化審法では新たに製造・輸入される化学物質に対する事前審査、利用されている化学物質の継続的な管理（製造・輸入数量、有害性情報等）、化学物質の性状等（分解性、蓄積性、毒性、環境中での残留状況）に応じた規制及び措置について定めており、わが国において新たに製造又は輸入される化学物質（新規化学物質）について、厚生労働大臣、経済産業大臣及び環境大臣に届出を行い、審査によって規制の対象となる化学物質であるか否かが判定されるまでは、原則として、その新規化学物質の製造又は輸入ができないことになっている。

DDT、PCB の影響

　レイチェル・カーソンが著した『沈黙の春』（1962 年）は化学物質による汚染を警告した書物として認識されている。わが国でも、殺虫剤として活用されてきた DDT、食品工場で混入した PCB（カネミ油症事件）、焼却装置からのダイオキシンなどの有害性がわかり、現在、使用禁止や制限、隔離などがなされている。

> **point** **カネミ油症事件**…1968 年 10 月、最初の患者が確認され、50 年以上が経過する。患者は今でもさまざまな症状に苦しみ、被害は次の世代にも及んでおり、事件はまだ解決していない。他に、森永ヒ素ミルク事件、中国のメラミン混入ミルクなど事故か故意かの違いはあるが、食品汚染や化学物質被害は頻発している。

　近年では、揮発性有機化合物（VOC）によるシックハウス症候群が問題となり、室内化学物質濃度指針値が定められた。

◆身の回りの化学物質

体内に 入るもの	食品類	保存料、合成着色料、**農薬**、化学肥料など
	医薬品	アセトアミノフェン、イブプロフェン、テトラサイクリンなど
肌に ふれるもの	衣類	**化学繊維**、ドライクリーニング溶剤など
	化粧品や洗剤	殺菌剤・防腐剤、**界面活性剤**など
使うもの	殺虫剤・農薬・肥料	パラジクロロベンゼン、フェニトロチオンなど
	家電製品	PBDE、**アルミニウム**、鉄など
	塗料や接着剤	トルエン、キシレン、**ホルムアルデヒド**、酢酸ビニルなど
	自動車	ベンゼン、トルエンなど

出典：環境省『平成18年版こども環境白書』より作成

環境へのリスクとリスク評価

　有害性の程度と暴露量（摂取量）から、環境への影響度合いを定量的に評価する「リスクアセスメント」（リスク評価）の結果から、優先度を定めて措置を講じていく方法も取られている。

point　環境リスクの高さは、以下のように決まる。

環境リスク ＝ 有害性（毒性の強さ） ✕ 人の暴露量

用　語　● **PCB** ⇒ P.88
● **DDT**　有機塩素系の殺虫剤で、終戦直後にシラミなどの防疫対策として米軍により日本に持ち込まれた。その後農薬として利用されていたが、食物連鎖により生物濃縮されることがわかり問題になった。1971年に農薬登録失効。
●**ダイオキシン**　自然環境の中で分解されにくく、がんや奇形、生殖異常などを引き起こす強い毒性を持つ。塩素、炭素、水素、酸素を含むプラスチックや生ごみなどの廃棄物をある一定の範囲の温度で焼却すると、塩素が化学反応を起こし、ダイオキシン類が発生するといわれている。
●**揮発性有機化合物（VOC）** ⇒ P.95
●**シックハウス症候群**　新築やリフォーム後の家屋で起こる健康被害。原因は、建材や塗料,防虫剤に含まれる揮発性有機化合物（VOC）である。頭痛や目の痛み、くしゃみやせき、アトピー性皮膚炎やぜんそくなどを引き起こす。

㉟ 化学物質のリスク管理・コミュニケーション

| 12 生産と消費 | 16 平和 | 17 実施手段 | 重要度 ☆☆☆ |

化学物質のリスクと管理

　社会問題やリスク評価などを通じて、法律によってリスクを管理して化学物質を安全に生活の中に取り入れることが試みられている。化学物質の管理に関わる法律には、化学物質審査規制法（化審法：1973年）、化学物質排出把握管理促進法（化管法／PRTR法：1999年）、ダイオキシン類対策特別措置法、PCB特措法、農薬取締法、労働安全衛生法などがある。一方、企業等が自主的に化学物質のライフサイクル全般（製造、流通、使用、廃棄、リサイクルなど）を通じて環境や健康に与える影響を評価して、その情報を公表（コミュニケーション）する取り組み（レスポンシブル・ケア）が目立つようになっている。

　化学物質管理に関する国際的な取り組みは、欧州を中心に条約化・規則化が進み、2020年までにすべての化学物質の健康や環境への影響を最小化する方法で生産・利用することが合意された（WSSD2020年目標）。なお、SDGsのターゲット3.9、ターゲット6.3、ターゲット12.4で化学物質について記載されている。

> **point** 化管法（PRTR法）…企業などによる化学物質の自主的な管理の改善を促進し、環境保全上の支障を未然に防止することを目的とした制定。この法律で、PRTR制度とSDS制度が規定されている。
> ・PRTR制度…化学物質排出移動量届出制度。有害化学物質の排出量や事業所外への移動量を、事業者が国に届け出て、国が集計し公表する制度。
> ・SDS制度…化学物質等安全データシート制度。対象化学物質またはそれを含有する製品を他の事業者に譲渡・提供する際に、安全性や毒性に関するデータや救急措置などの情報を交付・提供することを義務づける制度。

国際的な取り組み

・SAICM　国連環境計画（UNEP）主導により、化学物質によるリスクを削減する手法の議論が進められている。また、WSSD2020年目標を実現するため、「国際的な化学物質管理のための戦略的アプローチ（SAICM）」が採択された。

- **POPs条約** 環境中での残留性、生物蓄積性、人や生物への毒性が高く、長距離移動性が懸念されるPCBやDDTなどの残留性有機汚染物質（POPs：Persistent Organic Pollutants）の、製造及び使用の禁止・制限、排出の削減、これらの物質を含む廃棄物等の適正処理等を規定したPOPs条約（2004年発効）を定めている。

- **水俣条約** 水銀に対しては、UNEPではそのリスク削減のための法的拘束力のある文書（水俣条約）を政府間で制定することとし、2013年に熊本市、水俣市で水銀に関する水俣条約に関する会議等が開催され、水銀に関する水俣条約が全会一致で採択され、2017年に発効した。

- **REACH規則** EUでは新規・既存を問わず、年間の製造、輸入量が1t以上の化学物質を対象として、その情報を提出し、必要な場合は追加の試験、評価を行政から指示することにするREACH規則を導入した（2007年発効）。

- **RoHS指令・WEEE指令** EUでは、電気・電子機器における有害物質の使用制限に関する指令（RoHS指令：2003年）で、鉛や水銀などの有害物質の使用を原則禁止する対策も講じている。また、廃電気・電子機器（WEEE）の不法な処理により自然環境が汚染されることをリサイクルシステムの構築により防ぐことを目的とするWEEE指令は、RoHSと兄弟となる指令といえる。

---

point 化学物質の問題に適切に対処するにはリスクコミュニケーションが必要である。リスクコミュニケーションとは、意見交換などを通して、市民、企業、行政など地域の関係者が化学物質のリスクに関する情報を信頼関係の中で共有し、リスクを低減していく試み。環境省は化学物質アドバイザーの育成も行っている。

ゴロ合わせ　　**化審法と化管法**

貸衣装で着せ替え
（化審法）　（規制）

カンカンのPorter（ポーター）が
（化管法）　　　　（PRTR制度）

届けてくれる
（届け出）

化審法（⇒ P.110）は主に化学物質の審査と規制、
化管法はPRTR制度で有害化学物質の排出量と移動量の国への届け出を定めた。

36 東日本大震災と原子力発電所の事故

03 保健　06 水・衛生　09 産業革新　11 まちづくり　　　重要度 ★★☆

災害廃棄物による環境問題

2011年3月に発生した東日本大震災は、マグニチュード9.0、最大震度7と公表され、東北地方を中心に大きな被害をもたらした。

大規模な震災により、膨大な災害廃棄物が発生し、保管されていた危険物質等の流出、可燃物の散逸による延焼火災、それに伴う粉じん、有害ガスの発生、倒壊家屋等からのアスベスト等の飛散など、環境面ではさまざまな課題が短時間のうちに起こった。

放射性物質汚染対処特措法

中でも東京電力福島第一原子力発電所の炉心溶融事故は、放射性物質の流出、拡散といった環境汚染が継続しており、10年以上経過した現在でも対策が急がれている。

避難指示が解除され、鉄道も運行を再開しているが、未だ帰還困難区域が広く存在している。多量の汚染水の処理、それに伴う風評被害、困難が予想される廃炉作業など対処しなければならない課題は山積している。政府は、「平成二十三年三月十一日に発生した東北地方太平洋沖地震に伴う原子力発電所の事故により放出された放射性物質による環境の汚染への対処に関する特別措置法」（放射性物質汚染対処特措法）を定め、環境汚染が人の健康や生活環境に及ぼす影響の速やかな低減を図っている。

point　シーベルト（Sv）は人が受ける被ばく線量の単位で、放射線を受ける側、すなわち人体に対して使われる。シーベルトで表した数値が大きいほど、人体が受ける放射線の影響が大きいことを意味している。

ベクレル（Bq）は放射能の単位で、放射線を出す側に着目したもの。土や食品、水道水などに含まれる放射性物質の量を表すときに使われ、ベクレルで表した数値が大きいほど、たくさんの放射線が出ていることを意味する。

37 放射性物質による環境汚染への対処

03 保健　　06 水・衛生　　09 産業革新　　11 まちづくり　　　　重要度 ☆☆☆

汚染物質への対処

　2011年の原発事故によって、放射性物質が飛散した。原子炉等規制法などにおいて放射性物質を扱う施設についての規則はあったが、施設外については、環境基本法などでは定めていなかった。事故後にこれらを見直し、環境基本法をはじめとする大気汚染防止法など各法律に放射性物質を含む改正が行われた。

　放射性物質による汚染は、放射性物質の影響が長期間にわたり影響を及ぼすことから、放射線の強度と暴露される時間、対象により定められている。汚染を取り除く対象、地域も広く、人の健康保護を優先に計画を定めている。

　具体的には、汚染された表土、枝葉、塵などの除去、汚染物質の隔離、遮蔽、危険地域への立ち入り規制などである。除染作業に伴う放射性物質で汚染された廃棄物については、最終処分が決定するまでの間、中間貯蔵施設で管理・保管されている。

◆放射線量を下げるための方法

| 取り除く | 例）表土の削り取り／枝葉の除去／落ち葉の除去／洗浄 等 | 遮る | 例）土やコンクリートで囲む／表土と下層の土の入れ替え 等 | 遠ざける | 例）立ち入り禁止 等 |

出典：環境省ホームページ「放射線量の低減」より作成

> **用　語**　●中間貯蔵施設　福島県内の除染に伴い発生した土壌や放射性物質に汚染された廃棄物等を、最終処分までの間、安全に集中的に貯蔵する施設。東京電力福島第一原子力発電所を取り囲む形で、大熊町・双葉町に整備することとしている。2011年10月に国が中間貯蔵施設の基本的な考え方（ロードマップ）を策定・公表。現地調査や住民説明会を経て、2015年から除染除去土壌の輸送が開始された。

38 災害廃棄物

03 保健　06 水・衛生　09 産業革新　11 まちづくり　　重要度 ★☆☆

広域にわたる廃棄物処理

災害廃棄物は、多くが一般廃棄物とみなされ、市町村がその処理を担う。しかし、東日本大震災による発生量は莫大で、東日本大震災に係る災害廃棄物の処理指針（マスタープラン）のもと、県規模やさらに広域で処理が取り組まれた。放射性物質を含む廃棄物は国が管理しており、そのうち 8,000 Bq ／ kg を超え、環境大臣が指定したものは、指定廃棄物として国の責任のもと処理を行い、処分を進めることになっている。

◆平成 23 年 3 月東日本大震災 災害廃棄物対策の流れ

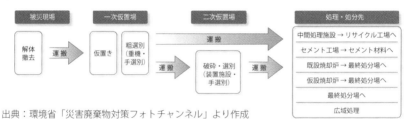

出典：環境省「災害廃棄物対策フォトチャンネル」より作成

災害への備え

東日本大震災では、津波堆積物や除染土壌の仮置き場や処分施設の立地場所について、適した立地の選定や確保の問題が浮き彫りとなった。2015 年、廃棄物処理法と災害対策基本法が一部改正され、災害廃棄物について、適正な処理と再生利用を確保したうえで、円滑かつ迅速にこれを処理することを趣旨としている。除染廃棄物や他の放射性物質を含む廃棄物の処理については最終処分方法、場所の決定までさらに深刻な状況が続いている。

有識者や団体で構成された災害廃棄物処理支援ネットワーク（D.Waste-Net）が 2015 年に発足し、2015 年の関東・東北豪雨や 2016 年の熊本地震、以降の災害で技術支援を行っている。近年は水害が頻発しており、発生する災害廃棄物の処分は国家の課題ともいえる。処理計画を策定している市町村も増えている。

39 放射性廃棄物

03 保健　06 水・衛生　09 産業革新　11 まちづくり
12 生産と消費

重要度 ☆☆☆

放射性廃棄物の発生

　原子力発電所では、燃料をはじめ、諸作業に伴う放射能に汚染された廃棄物が震災以外でも発生している。医療現場での治療・検査や、大学・研究所などでの分析に使われる放射性同位体（ラジオアイソトープ）なども放射性廃棄物となる。

放射性廃棄物の処分

・高レベル放射性廃棄物の処分方法

　原子力発電所での使用済み燃料の再処理で生じる放射能レベルの高い廃液を固体化したものが、高レベル放射性廃棄物である。日本では法律（特定放射性廃棄物の最終処分に関する法律（最終処分法））で地下 300m よりも深い地層に処分すると決められているが、未だ具体的な場所については決められていない。再処理の際に発生する廃棄物のうち、放射能レベルが一定以上のものも、高レベル放射性廃棄物と同様に、地層処分が行われることになっている。

・低レベル放射性廃棄物の処分方法

　一方、高レベル放射性廃棄物以外の放射性廃棄物は「低レベル放射性廃棄物」と呼ばれ、発生場所や放射能レベルによってさらにいくつかの処分が行われる。人工構築物を設けない浅い地中に埋設する処分、コンクリートピットを設けた浅い地中に埋設する処分、一般的な地下利用に対して十分余裕を持った深度（地下 70m 以上の深さ）に埋設する処分などである。

　人の健康に対する影響を無視できる放射能レベル（クリアランスレベル）が年間 0.01 ミリシーベルト以下であることが確認された場合、通常の産業廃棄物と同様の処分、再利用が可能になっている。その割合は、原子炉の解体で生ずる廃棄物の 5％程度とみられている。

　廃棄、保管、再利用については、わが国の厳しい基準により、安全な環境が維持されている。

01 持続可能な日本社会への実現

重要度 ☆☆☆

環境基本法

環境基本法（1993年制定）は、環境の保全に関する施策を推進し、現在及び将来の国民の健康で文化的な生活の確保と人類の福祉に貢献することを目的としている。

> **point 環境基本法の基本理念**
> ①健全で恵み豊かな環境の恵沢の享受と継承…3条
> ②環境負荷の少ない持続的発展が可能な社会の構築…4条
> ③国際的協調による地球環境保全の積極的推進…5条

この法律に基づき、政府全体の総合、長期の施策の大綱などを定める環境基本計画が策定され、4つの長期的な目標が掲げられた。

> **point 4つの長期目標**
> ●**循環**…物質循環をできる限り確保することによって、環境への負荷をできる限り少なくし、循環を基調とする社会経済システムを実現
> ●**共生**…社会経済活動を自然環境に調和したものとしながら、自然と人との間に豊かな交流を保つなど、健全な生態系を維持、回復し、自然と人間との共生を確保
> ●**参加**…あらゆる主体が環境への負荷の低減や賢明な利用などに自主的に取り組み、環境保全に関する行動に主体的に参加する社会を実現
> ●**国際的取組**…地球環境の保全のため、わが国が国際社会に占める地位にふさわしい国際的イニシアティブを発揮して、国際的取り組みを推進

第5次環境基本計画

最新の計画は2018年に閣議決定された第5次環境基本計画である。この計画は、SDGsやパリ協定採択後に初めて策定されたもので、それらの背景も活用しながら、分野横断的な6つの重点戦略（経済、国土、地域、暮らし、技術、国際）

を設定し、環境政策による経済社会システム、ライフスタイル、技術などあらゆる観点からのイノベーションの創出や、経済・社会的課題の解決を実現し、将来に向けて質の高い生活をもたらす「新たな成長」につなげていくことを目指している。また、各地域が自立・分散型の社会を形成し、地域資源等を補完し支え合う「地域循環共生圏」の創造を目指す。

この大綱に基づき、わが国の環境に関わる諸政策が提案、実施されていく。

6つの重点戦略

環境基本計画は、政府の取り組みの方向を示し、さらに地方公共団体、事業者、国民のあらゆる主体の自主的、積極的取り組みを効果的に全体として促す役割も担っている。第5次環境基本計画の6つの重点戦略に関して、具体的に想定されている主な内容は、以下となっている。

①持続可能な生産と消費を実現するグリーンな経済システムの構築：ESG投資、グリーンボンド等の普及・拡大や、税制のグリーン化推進、サービサイジング、シェアリング・エコノミー振興など

②国土のストックとしての価値の向上：気候変動への適応も含めた強靭な社会づくりや、生態系を活用した防災・減災（Eco-DRR）など

③地域資源を活用した持続可能な地域づくり：地域における「人づくり」や、地域における環境金融の拡大、地域資源・エネルギーを活かした収支改善、国立公園を軸とした地方創生、森・里・川・海の保全再生・利用や都市と農山漁村の共生・対流など

④健康で心豊かな暮らしの実現：エシカル（倫理的）消費、COOL CHOICEなどによる持続可能な消費行動への転換や、食品ロスの削減、廃棄物の適正処理の推進、地方移住・二地域居住の推進＋森・里・川・海の管理による良好な生活環境の保全など

⑤持続可能性を支える技術の開発・普及：福島イノベーション・コースト構想による脱炭素化、バイオマス素材の導入、AI活用による生産最適化など

⑥国際貢献によるわが国のリーダーシップの発揮と戦略的パートナーシップの構築：環境インフラの輸出や衛星利用、持続可能な社会構築支援など

用語
● SDGs ⇒ P.18　　●パリ協定 ⇒ P.48
●地域循環共生圏 ⇒ P.70

02 環境保全への取り組み

重要度 ★★★

汚染者負担原則

　環境保全の取り組みにおける原則として、汚染が発生した場合、その責任を汚染者負担とする原則が**汚染者負担原則**（PPP）である。OECD内では受け入れられている原則であるが、汚染者が不明の場合などの例がある。

　例えば、因果関係が明確でない長期にわたる土壌汚染では、購入した土地が汚染源となり被害を及ぼした場合などが裁判に持ち込まれている。その際は汚染者が特定されず、例外として原則から外れた対策も講じられることがある。

拡大生産者責任

　フロンを含んだスプレー使用に伴うオゾン層破壊がしばらく前に起こっていた。その汚染者はスプレーを利用した消費者となるが、生産者が責任を持つべきであるとする考え方が**拡大生産者責任**（EPR）である。廃棄物処理段階までも含めて、各種リサイクル法での責任の位置づけも、EPRに沿ったものになっている。

無過失責任

　民法では「故意又は過失によって他人の権利又は法律上保護される利益を侵害した者は、これによって生じた損害を賠償する責任を負う」という過失責任の条文がある。しかし、事業活動に伴って人の健康に有害な一定の物質が大気中に、または水域等に排出されたことによって、人の生命や身体を害したときは、その排出に係った事業者が、故意または過失でない場合であっても、その損害を賠償することになっている。

　この損害は、大気汚染防止法や水質汚濁防止法における人への健康被害で規制の対象とされているものが含まれている。なお、この**無過失責任**は、施行の日（1972年）以後における有害な物質の排出による損害について適用され、遡及はさせないこととしている。これらの責任追及には経費負担が必要な場合も多く、そのコストを製品価格に入れ込む、内部化を市場に受け入れる傾向がみられる。

未然防止原則

　環境対策は、できる限り早期に実施することが、被害の小規模化、費用の最小化に必須である。できれば被害が発生する前の段階で処置できることが望ましく、「未然防止原則」として知られる。未然防止に要する対策費用と、起きてしまった被害額を試算した例が報告されるが、一般的に未然防止費用が桁違いに低い。

◆被害費用と対策費用

公害事案	被害額（／年）	対策費用（／年）
四日市ぜんそく	210.07 億円	147.95 億円
水俣病	126.31 億円	1.23 億円
イタイイタイ病	25.18 億円	6.02 億円

注）金額は 1989 年度価格。被害額は、健康被害額に汚染被害額や漁業被害額、農業被害額等を加えた金額。対策費用は、公害防止設備投資額に運転費用等を加えた金額。
出典：地球環境経済研究会編著『日本の公害経験』合同出版

予防原則と源流対策原則

　環境に回復不能な被害を及ぼすおそれがある場合、因果関係が科学的に十分証明されていなくても、すみやかに予防措置をとるべきであるとする考え方を「予防原則」と呼ぶ。取り返しのつかない被害を招く可能性がある場合、不確実な要素はあるものの、対策を講じることになる。いったん汚染されてしまうと回復が不可能な場合や、莫大な努力を要することから、広く受け入れられている。

　一方、これまでは、排出された汚染物質を処理し、環境に適合した量や程度にまで削減する対策が講じられてきた。これは、汚染物質の排出口で処理することから、エンドオブパイプ型対策と呼ばれる。

　これより上流で廃棄物を出さないように管理していく手法（源流対策原則）は、マネジメント技術の有効性が認知され、現在、環境マネジメント技術として導入する企業が増えている。廃棄物対策の 3R 技術、後述の環境適合設計、PDCA 運動などもその一環といえる。

　これまで挙げてきた対策は、メーカー（製造者）、ユーザー（消費者）、国、政府、自治体、市民団体、教育現場など、広い参画により、環境保全が達成されることが認識され、法律、国際条約、条例などで広い階層、関係機関からの参画が求められている。

03 環境政策の計画と指標

重要度 ☆☆☆

環境基準とは

人の健康の保護や生活環境を保全する上で、大気、水、土壌、騒音をどの程度に保つことを目標に対策を実施していくのかという「目標」を定めたものが環境基準である。

この環境基準は、「維持されることが望ましい基準」で、行政上の政策目標である。これは、人の健康等を維持するための最低限度としてではなく、より積極的に維持されることが望ましい目標で、その確保と維持を図っていこうとするものである。そして、常に新しい科学的知見を反映させ、適切な科学的判断が加えられるものである。環境基本法では、政府が大気の汚染、水質の汚濁、土壌の汚染及び騒音に係る環境基準を定めると規定されている。

> **point　環境基準**
> 　環境基本法に基づき、以下の環境基準が定められている。
> ●**大気**：大気汚染に係る環境基準
> ●**水質**：水質汚濁に係る環境基準／地下水の水質汚濁に係る環境基準など
> ●**土壌**：土壌の汚染に係る環境基準
> ●**騒音**：騒音に係る環境基準／航空機騒音に係る環境基準／新幹線鉄道騒音に係る環境基準
> 　その他、ダイオキシン類対策特別措置法に基づき、ダイオキシン類による大気の汚染、水質の汚濁（水底の底質の汚染を含む）及び土壌の汚染に係る環境基準について定められている。

環境基本計画における指標

環境基本計画は1994年に政府全体の環境の保全に関する総合的かつ長期的な施策の大綱を定めたものである。以降、約6年ごとに見直しが行われている。

政府は、環境基本法により、環境の保全に関する施策を推進するために、環境の保全に関する基本的な計画「環境基本計画」を定めることとしている。

2018年4月に閣議決定された第5次環境基本計画では、計画等の進捗状況の把握のために指標の活用が述べられている。適切な指標を開発し、その指標で進展を確認しながら、PDCAサイクルを活用し、高い目標を目指して計画を推進することが望まれている。

point PDCAサイクル

PDCAとは、Plan（計画）、Do（実行・実施および運用）、Check（点検）、Act（改善・マネジメントレビュー）を繰り返し行うことである。

循環型社会形成推進基本計画

政府は、循環型社会形成推進基本法に基づいて、環境基本計画を基本として、循環型社会の形成に関する施策の推進を図るため、循環型社会形成推進基本計画を策定している。おおむね5年ごとに見直しが行われており、2018年には第4次循環型社会形成推進基本計画が策定された。

その計画では、指標、数値目標が設定されている。これまでの計画でも資源生産性、循環利用率、最終処分量など、逐次見直されてきたが、第4次の計画でもさらに高い目標設定が示されている。また、物質フローに関する補助指標や進行をモニターする指標も、入口・循環・出口のそれぞれに分けて設定されている。

ゴロ合わせ　**環境基準が定められているもの**

代金は水晶でどうぞ
（大気）（水質）（土壌）
うそー！
（騒音）

典型7公害の中で、大気汚染・水質汚濁・土壌汚染・騒音は環境基準が決まっている。振動・悪臭・地盤沈下は定められていないので注意。

04 環境保全のための手法

重要度 ★ ★ ★

環境政策手法の選択

環境政策を推進する手法としては、対象、政策の難易度、必要性の程度、効果などにより、さまざまな方法がとられている。適切な方法を選択する必要があるが、成果を評価し、社会の変化とともに手法を組み合わせ、見直すことも重要である。

• 規制的手法

行為自体を規制する行為規制と、環境に影響を及ぼす程度を規制するパフォーマンス規制がある。

　　例…大気汚染防止法による硫黄酸化物やばい塵の排出基準、水質汚濁防止法に
　　　　よる排水基準等、トップランナー制度

• 経済的手法

環境保全への取り組みに経済的インセンティブを与え、経済合理性に沿った各主体の行動を誘導する手法。

　　例…使用済み製品や容器包装等の確実な回収のための預託払戻（デポジット）
　　　　制度、**地球温暖化対策税**、排出量取引、税制優遇、ロードプライシング

> **point** **地球温暖化対策税**…化石燃料の利用に対し、2012 年から地球温暖化対策税が導入されている。これは、燃料ごとの CO_2 排出原単位を用いて、それぞれの税負担が CO_2 排出量 1 t 当たり 289 円に等しくなるよう、単位量（kl 又は t）当たりの税率を設定している。また、急激な負担増を避け、税率は 3 年半かけて 3 段階に分けて引き上げる経過措置がとられた。

> **point** 排出量取引は、2 つの方式に大別される。
> ①**キャップアンドトレード制度**…排出量の上限を設け、その過不足分を対象者の間で売買する方式。例：クリーン開発メカニズム
> ②**ベースラインアンドクレジット制度**…削減活動を行わない場合または行う以前の排出量を基準として、削減できた量を売買する方式。例：EU の排出量取引

- **情報的手法**

　　さまざまな主体が、環境保全に積極的な事業者や低環境負荷の製品を選択できるよう環境情報の開示と提供を進め、環境に配慮した行動を促進する手法。

　　　例…環境報告書、環境情報の公開（PRTR制度）、エコマーク制度、環境会計、
　　　　　LCA

- **合意的手法**

　　行政と住民等対象者との間で、環境に影響を及ぼす行動に対して事前に協定等を結び、合意をすること。

　　　例…公害防止協定、緑地協定

- **自主的取組手法**

　　事業者などが自らの行動に一定の努力目標を設けて対策を実施する自主的な環境保全取り組みを行うこと。

　　　例…経済団体連合会の地球温暖化対策、個別企業の環境行動計画

- **手続き的手法**

　　各主体の意思決定過程の要所で環境配慮のための判断が行われる機会と環境配慮に際しての判断基準を組み込んでいく手法。

　　　例…環境影響評価制度、ISO14001などの環境マネジメントシステム

用 語

● **トップランナー制度** ⇒ P.55

● **デポジット**　使用後の容器等を返却した際に預かり金を返却する制度。容器の回収によるリサイクルの推進を目的として導入が進められている。

● **ロードプライシング** ⇒ P.107

● **環境報告書** ⇒ P.143

● **PRTR制度** ⇒ P.112

● **エコマーク制度**　「生産」から「廃棄」にわたるライフサイクル全体で、環境への負荷が少なく、環境の保全に役立つと認められた商品につけられる環境ラベル。

● **LCA** ⇒ P.147

● **公害防止協定** ⇒ P.136

● **緑地協定**　土地所有者等の合意によって、緑地の保全や緑化に関する協定を締結する制度。目的となる区域の範囲や保全・植栽する樹木等の種類や場所等を定めている。

● **環境影響評価制度**　環境アセスメントともいう。⇒ P.127

● **ISO14001** ⇒ P.140

05 環境教育と環境学習

04 教育　　　　　　　　　　　　　　　　　　　　　　重要度 ★★☆

持続的な発展のために

　豊かな社会を持続的に発展させてゆくためには、環境教育と環境学習の機会をとらえて広範な層の人々に理解を浸透させ、環境保全につながる具体的な行動を促す必要がある。

世界の環境教育の流れ

　国際的な取り組みで表面化しているものは、国連人間環境会議（ストックホルム会議：1972年）で採択された「人間環境宣言」の中で、教育は必須であり、教育的情報を広く提供することが必要と説いている。

　それに続く環境教育会議では、ベオグラード憲章を発し、環境教育の目標は、「環境とそれに関連する諸問題に気づき、関心を持つとともに、現在の問題解決と新しい問題の防止に向けて、個人および集団で活動するための知識、技能、態度、意欲、実行力を身につけた人々を世界中で実行育成すること」としている。このために、認識（Awareness）、知識（Knowledge）、態度（Attitude）、技能（Skills）、評価能力（Evaluation ability）、参加（Participation）という6つの目的が挙げられている。

ESDと環境教育

　近年では、国連・ESDの10年：DESD（2005〜2014年）に取り組み、「ESDに関するグローバル・アクション・プログラム（GAP）」（2015〜2019年）の後継として行動プログラムが策定、2020〜2030年におけるESDの国際的な実施枠組み「持続可能な開発のための教育：SDGs実現に向けて（ESD for 2030）」で、ユネスコ加盟国等がとるべき行動を提示するロードマップが公表された。

　わが国では環境基本法の中で教育振興のために措置を講じる旨を明記している。また、「環境教育等による環境保全の取組の促進に関する法律（環境教育等促進法）」を通じて、さまざまな環境に関する学習の充実を図っている。

06 環境アセスメント制度

`16 平和`　`17 実施手段`　　　　　　　　　重要度 ☆☆☆

環境アセスメントとは

　大規模開発事業等による環境への影響を事前に調査することによって、予測、評価を行うことが環境アセスメントである。その評価等をもとに、事業者、自治体、住民、専門家の意見を得ながら、その事業を環境面からふさわしいものにしていく制度がわが国では環境影響評価法（1999年公布）として施行されている。

　環境アセスメントの対象については政令で指定されており、新幹線や空港、高速道路などのほか、おおむね100 haを超えるような土地整備事業で13種類の事業が挙げられている。それに加え、自治体で独自にアセスメント対象を条例で加える例も多くある。

環境アセスメントの流れ

◆環境アセスメントの手続きの流れ

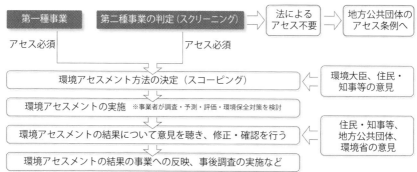

出典：環境省HPガイドラインより作成

　規模が大きく環境に大きな影響を及ぼすおそれがある事業を第一種事業として、必ず環境アセスメントの手続きを行う。第一種事業に準ずる規模の第二種事業では、個別に判断して環境アセスメントを行う。

　従来の環境アセスメントから、アセスメント実施を早め、計画変更の幅を広くできる戦略的環境アセスメント（SEA）を導入、適用する例もみられている。

07 国際社会の中の日本の役割

16 平和　17 実施手段　　　　　　　　　　　　　重要度 ☆☆☆

日本の果たすべき役割

国際社会において日本の経済的な位置は低下してきているが、依然、世界第３位の GDP を占め、わが国だけでなく、世界の立場から行動をとる必要がある。特に環境に関しては、以下の３点が挙げられる。

①公害先進国といわれた過去を克服し、豊かな環境を取り戻しつつあるが、その経験を総括しつつ、世界に、特に公害に悩む国々に謙虚に示していくことが必要であろう。

②加えて、国土、資源に限りがあるわが国の状況を率直にとらえると、海外への依存は不可欠であり、地球規模での持続可能な状態維持への尽力の強化、継続が必要である。

③世界の GDP の約５％を産出しており、地球規模の環境に一定の責務がある。加えて、発展途上で苦しむ国々の人々を支援する人道的な責務もあろう。

途上国への貢献

そのため、国として政府開発援助（ODA）を継続的に行っている。近年の経済の停滞で、援助額の伸びは大きくないものの、途上国の安定と発展への貢献を通じて、国際社会の平和と安定、環境の維持向上に重要な役割を果たしている。

2021 年度版開発協力白書によると、経済協力開発機構（OECD）の開発援助委員会（DAC）加盟国中、米国、ドイツ、英国に次ぐ第４位の支援を行っており、国民総所得（GNI）比は 0.31％で、DAC 諸国中 13 位である。従来から、ODA による援助案件にも環境面の評価を優先させており、相手先国の経済成長とともに、質の高いプロジェクトを中心にした支援を行ってきている。

SDGs では、誰一人取り残さないことが基本的な理念に据えられており、途上国への貢献が不可欠となっている。また、わが国の第 5 次環境基本計画でも、「国際貢献によるわが国のリーダーシップの発揮と戦略的パートナーシップの構築」が重点戦略に挙げられており、積極的に取り組んでいる。

◆主要国の ODA 実績の推移

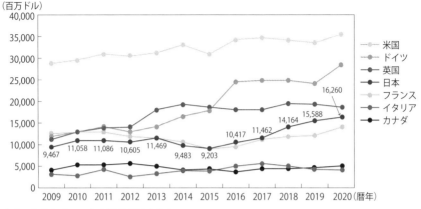

（百万ドル）

出典：外務省「2021 年度版 開発協力白書」

> **point** エコロジカル・フットプリント…我々の生活、活動が地球環境に与える影響を、地球上の面積で示した指標である。わかりやすく、切迫感を持っている。
> CO_2 排出／固定による地球温暖化への影響が中心に評価されている傾向があるが、そのほかの生態系や人の健康被害等々の環境影響を考慮に加えると、フットプリントは限りなく増え、既に地球の容量では取り返しのつかない程度になっていると想定される。しかし、取り返しがつかないとあきらめるのではなく、できることから着実にフットプリントの減少に資する行動をとることが求められる。

持続可能な発展のために

　わが国は、経済発展を遂げる過程で、激甚な産業公害をはじめとする環境問題を経験し、政府、企業や地域住民などの努力により克服してきた経験を有している。そして、現在も、廃棄物や生活起因の汚染、地球温暖化問題、自然環境の保全など、さまざまな課題への取り組みを続けている。その過程で得た経験や技術を国際協力に活かし、地球全体の持続可能な発展に貢献することが求められている。また、それが先進国としての責務であり、実効的な協力に真摯に取り組むことが必要である。

> **用　語** ● **ODA**　政府開発援助（Official Development Assistance）。政府または政府の実施機関が、開発途上国の「開発」のために資金・技術提供を行うこと。

01 各主体の役割分担

16 平和　　17 実施手段　　　　　　　　　　　　　　　　重要度 ★★☆

環境問題への関わり

　以前の公害問題は、原因となる企業、生産活動と、地域が限定された被害が明らかであった。今日の環境問題は、地球規模の広域な生産、消費活動を背景に、私たちの生活に密着した広がりをみせている。そのため、幅広い階層、地域の人々が、それぞれの立場で環境問題の解決を目指して行動していくことが求められている。

　法律面でも、行政手続法、情報公開法などで市民の参画を求める規定が定められている。それぞれの立場、役割から参画し、社会に望ましい合意点、解決策導入に努力することが、将来世代から求められている。

リオ宣言第10原則とオーフス条約

　1992年のリオデジャネイロでの地球サミットでは、地球的規模の連携にむけた27の「原則」を採択した。その10番目に「国民の啓発と参加、国民への情報提供」が挙げられている。それを背景に、1998年にデンマークのオーフスで開催された国連欧州経済委員会（UNECE）第4回環境閣僚会議では国際的な環境に関する条約（オーフス条約）を採択した。この条約では、環境情報へのアクセス、環境政策決定過程への参加、環境に関する司法へのアクセスについて、各国内の制度化を促し、権利を保障することにより、環境分野での市民の権利確立・市民参加を促している。

　現在の環境問題の多様かつ複雑な課題は、政府だけでは解決することは困難である。市民社会の中でのステークホルダーとの連携を実のあるものにすることが課題解決に求められている。

各主体の役割

　第5次環境基本計画の中でも、国、地方公共団体、事業者、民間団体、国民に期待される役割が明らかになっており、それぞれ自主的・積極的に環境負荷を

可能な限り低減していくことを目指すことになっている。

　その基本計画の点検では、「各主体の地方自治体や産業界・NGO 等との連携強化」の必要性が指摘されており、今後も取り組みが進むものと思われる。

> **point** 市民参加の制度
>
> 　市民が政策立案に関わるうえで、以下のような制度・手法がある。
>
> **情報公開制度**…情報公開法（2001 年施行）及び独立行政法人等の保有する情報の公開に関する法律（2002 年施行）により情報公開が推進された。誰でも、国の行政機関又は独立行政法人等に対して、行政文書・法人文書の開示請求ができる。
>
> **パブリックコメント制度**…行政機関が政令や省令などを制定するに当たって、事前にその案を示し、広く国民から意見や情報を募集するもの。意見公募手続きとも呼ばれる。2005 年の行政手続法の改正により新設された。条文には以下のように定められている。
>
> • 意見提出期間は、命令等の案の公示の日から起算して 30 日以上でなければならない。（第 39 条）
> • 命令等制定機関は、意見提出期間内に命令等制定機関に提出された命令等の案についての意見を十分に考慮しなければならない。（第 42 条）
>
> **参加型会議**…多くの人々の関心の的となり議論を必要とするような社会的問題について、問題の当事者や市民の参加の下、一定のルールに従った対話を通じて、論点や意見の一致点、相違点などを確認しあい、可能な限りの合意点を見出そうとする会議（出典：環境省「EST（環境に配慮した持続可能な交通）ビジョンとその実現に向けた課題」、2006 年 3 月）。

> **point** 環境基本法に掲げられる責務
>
> 　環境基本法では、環境の保全に対する各主体の責務を以下のように定めている。
>
> **国の役割（第六条）**…環境の保全に関する基本的・総合的な施策を策定、実施する
>
> **地方公共団体の役割（第七条）**…環境の保全に関し、国の施策に準じた施策及びその地方公共団体の区域の自然的社会的条件に応じた施策を策定し、実施する
>
> **事業者の役割（第八条）**…事業活動で生じるばい煙、汚水、廃棄物等の処理などを防止、適正化し、自然環境を保全するために必要な措置を講じる／製品などが廃棄物となった場合に適正な処理が図られるように必要な措置を講じる／製品などの使用・廃棄による環境への負荷の低減に資するように努める／環境の保全に関する施策に協力する
>
> **国民の役割（第九条）**…日常生活での環境への負荷の低減に努める／環境の保全に自ら努め、環境の保全に関する施策に協力する

02 国際社会の取り組み

国際連合の取り組み

環境問題は国境を越え、地球規模で取り組まなくてはならない課題が増え、国際機関がその推進、調整役として多く機能している。

中でも国際連合（国連）は、関連する多くの機関を擁し、世界の各国が参加しており、それらの国々の期待も高く、環境、持続性について中心的な役割を果たしている。国連人間環境会議（1972年）、国連環境開発会議（1992年）は国連が主催となって開かれた。わが国全体で行っているSDGsの取り組みも、2015年の国連サミットで採択されたものである。

さまざまな国際機関

国連の補助機関のうち、環境問題に関連が深いのは国連環境計画（UNEP）と国連開発計画（UNDP）である。また、専門機関も各分野で関わっている。

それらに加え、国連の組織ではないが、IPCCやOECD、GEFなど、国連と連携しながら、独自の視点を持って環境保護活動を展開している機関が多くある。

◆国際的な機関の概要

〈国連の補助機関〉

• 国連開発計画（UNDP）

世界の170か国以上で活動を進め、開発途上の国々がその開発目標を達成できるように支援する。これらの国々と協働して、貧困の削減や環境保護などに取り組んでいる。毎年出版される「人間開発報告書」で、重要な開発問題に焦点をあて、計測ツールや革新的な分析、政策提案を載せている。

• 国連環境計画（UNEP）

1972年に設立され、各国政府と国民が将来の世代の生活の質を損なうことなく自らの生活の質を改善できるように、環境の保全に指導的役割を果たし、かつパートナーシップを奨励する。環境分野における国連の主要な機関として、地球規模の環境課題を設定し、政策立案者を支援などしている。

〈国連の専門機関〉
- **国連食糧農業機関（FAO）**

　食料の安全と栄養、作物や家畜、漁業と農業、農村開発を進める機関。加盟国の貧困と飢餓をなくし、天然資源の持続可能な方法による利用を支援している。
- **国際海事機関（IMO）**

　国際貿易に従事する船舶の安全性を高め、かつ船舶による海洋汚染や大気汚染を防止することを目的として活動している。
- **国連教育科学文化機関（UNESCO）**

　異なる文明、文化、国民の間の対話をもたらす活動をしている。2015年の「インチョン宣言」採択により、グローバルな教育2030アジェンダの調整と監視を進めるという新たな役割を担っている。
- **世界保健機関（WHO）**

　グローバルな保健問題について、健康に関する研究課題を作成し、規範や基準を設定している。また、証拠に基づく政策の選択肢を明確にし、加盟国へ技術的支援を行い、健康志向を監視、評価する。
- **世界気象機関（WMO）**

　気象、気候、水に関して権威ある科学情報を提供している。大気の状態と動き、大陸と海洋の相互作用、気象と気候、その結果による水資源の分布、これらを観測、監視するための国際協力を調整する。
- **世界銀行グループ（World Bank Group）**

　5つの機関で構成され、貧しい国々の経済を強化することによって世界の貧困を削減し、経済成長と開発を促進することによって人々の生活水準を改善することを目的としている。

〈その他国際機関・組織〉
- **経済協力開発機構（OECD）**

　経済政策・分析をはじめとする経済・社会の多岐にわたる活動を行っている。
- **地球環境ファシリティー（GEF）**

　途上国等が環境問題に対応する際の負担費用を無償で提供している。
- **国際自然保護連合（IUCN）**

　全地球的な環境保全の分野で専門家による調査研究を行い、関係各方面への勧告、開発途上地域に対する支援等を実施している。
- **気候変動に関する政府間パネル（IPCC）** ⇒ P.43

03 国による取り組み

16 平和　　17 実施手段　　　　　　　　　　　　　重要度 ☆☆☆

行政機関の取り組み

　日本は第二次大戦後、法治国家として、三権分立を憲法で明言して発展を遂げてきた。環境問題の解決も、効果的な施策を推し進めてきた。

　環境対策も、法律の作成、運用を通じて国会の関与が必要になっている。その行政施策の中心となるのが環境省であるが、事案によっては、経済産業省、国土交通省、農林水産省、文部科学省、厚生労働省、総務省など、関わる省庁とも連携・調整しながら政策を進めている。重要な施策については、内閣も関わって施策を進めている。

委員会の機能

　高い専門性が要求される政策については、それに専門的な知見を与える原子力規制委員会、公害等調整委員会といった委員会を設置して、政策を進めている。必要に応じて、独立行政法人や特別法に基づく法人を設置し、政策への対応、推進を図る場合もある。

司法の役割

　司法の役割として、四大公害裁判が挙げられる。これはイタイイタイ病、新潟水俣病、四日市ぜんそく、および熊本水俣病に係る裁判である。このほか大阪空港訴訟を加えて、五大公害裁判と称することもある。これまでに数多くの訴訟が起こされ、政府、企業側が損害賠償あるいは和解の費用を負担して解決する例が多く発生した。企業としては厳しい判決でもあったが、その後の技術発展、外国への進出につながる例も多くみられた。

　裁判のほかに、費用をあまりかけず迅速・適正に解決を図る公害紛争処理制度がある。身近な行政機関の公害苦情相談窓口が相談を受ける公害苦情相談と、公害紛争処理機関（公害等調整委員会や都道府県の公害審査会等）が間に入って、調停や裁定等によって解決を図る公害紛争処理という制度である。

point 　**四大公害と裁判**

　高度経済成長期は、重化学工業化とともに産業公害が発生したが、対策や規制法令が未整備だったために、地域住民への被害が拡大した。中でも四大公害訴訟は大きな社会問題となった。いずれも原告が勝訴し、原因企業に損害賠償金の支払いが命じられた。企業や行政に責任と反省を求めた判決は、その後の日本の環境政策に大きな影響を及ぼした。

①**熊本水俣病**…熊本県水俣市で発生、1956年に確認。工場排水の有機水銀で汚染された魚介類を食べたことによる中枢神経系疾患で、四肢麻痺、言語障害などの症状がみられた。

②**新潟水俣病**…新潟県阿賀野川流域で発生、1965年に確認。熊本水俣病と同じ健康被害であることから第二水俣病ともいわれている。

③**イタイイタイ病**…富山県神通川流域で発生、1955年に確認。鉱山排水中のカドミウムが体内に蓄積されることにより骨がもろくなり、体中に骨折と激しい痛みが起こる。

④**四日市ぜんそく**…三重県四日市市で1960〜1970年代に発生。石油化学コンビナートから排出される硫黄酸化物などによる大気汚染が原因で、地域住民に呼吸器系の健康被害が起こった。

　他にも環境訴訟として、大阪空港訴訟（騒音）、名古屋新幹線公害訴訟（騒音）、東京大気汚染訴訟、大阪泉南アスベスト訴訟などが知られている。

　公害苦情は1年間に8万件程度あり、近年、若干の増加傾向がみられる。地方自治体の公害苦情処理担当機関で処理され、典型7公害に関する苦情の約7割は1週間以内に処理されている。なお、騒音と振動は、1週間以内に処理される苦情が約5割となっており、他の公害より処理に長期間を要する傾向にある。

ゴロ合わせ　　　　　　　　**四大公害**

みんな待たせ過ぎた
（水俣病）　　　（水銀）
いたいた　　角に
（イタイイタイ病）（カドミウム）
よっ！　全速力で参加
（四日市ぜんそく）（硫黄酸化物）

環境問題への取り組みに大きな影響をもたらした、四大公害の裁判。四大公害の原因物質とともに覚えよう。

04 地方自治体による取り組み

| 16 平和 | 17 実施手段 | | 重要度 ☆☆☆ |

地域に応じた取り組み

　地域に密着した施策を担当するのが自治体であるが、環境政策のうち地域が限定される対象である、廃棄物、感覚公害、地下水汚染などに対してはこれまでも自治体が主導して条例や公害防止協定を制定し、規制面を中心に取り組んできた。

> **point** 公害防止協定とは、地方自治体と、工場などを有する企業との間で交わす公害防止に関する取り決め。工場の新規開発に関して結ばれることが多い。各地方の実情に合わせた対策がとられている。

　先駆的な環境対策が住民から求められるようになり、温室効果ガス排出量取引制度や環境アセスメント制度などの国に先んじる導入など、自治体が先導するような取り組みが散見されるようになっている。近年では、SDGs 未来都市、地域循環共生圏、地域の特徴を活用した脱炭素などの取り組みも進んでいる。

◆自治体独自の条例（例）　　　出典：一般財団法人 地方自治研究機構 HP「条例の動き」

プラスチック資源循環
栃木県プラスチック資源循環推進条例（栃木県・2020 年）
食の安全
岐阜県食品安全基本条例（岐阜県・2004 年）
光害
美しい星空を守る井原市光害防止条例（岡山県井原市・2005 年）／高山村の美しい星空を守る光環境条例（群馬県高山村・1998 年）
地下水採取規制
山形県地下水の採取の適正化に関する条例（山形県・1976 年）
地球温暖化対策
京都府地球温暖化対策条例（京都府・2004 年）／長野県脱炭素社会づくり条例（長野県・2020 年）

05 企業の社会的責任

08 経済成長　12 生産と消費　　　　　　　　　　重要度 ★☆☆

企業の責務

　企業は、共有の資源を使い、環境に負荷をかけて企業活動を展開している。その中で、その責務として、汚染を発生させたり、資源の浪費を続けたり、災害を引き起こすなどの行為を防ぐ取り組みはこれまでも行われてきた。

CSRへの取り組み

　社会を構成する一員として、企業もその社会を持続的に発展させるための責務（企業の社会的責任：CSR）に取り組もうという意識が芽生えている。CSRは、社会・環境問題、労働問題、人権、商品の品質の問題、リスクマネジメント、情報管理、法令遵守（コンプライアンス）などさまざまな分野にまたがっている。

　利益のみを追求する企業の姿勢から脱却し、CSRを追求することは、企業の信頼の向上、従業員の意識向上、投資資金誘発などの多くのメリットが指摘されている。

> **point** 組織の社会的責任に関する国際規格であるISO26000では、以下の効果が期待できるとしている。
> **社会的責任を果たすメリット**…①社会からの信頼を得る　②法令違反など、社会の期待に反する行為によって、事業継続が困難になることの回避　③組織の評判、知名度、ブランドの向上　④従業員の採用・定着・士気向上、健全な労使関係への効果　⑤消費者とのトラブル防止・削減、ステークホルダーとの関係向上　⑥資金調達の円滑化、販路拡大、安定的な原材料調達
> 出典：やさしい社会的責任—ISO26000と中小企業の事例—（ISO/SR国内委員会）

　国際標準化機構（ISO）による組織の社会的責任（SR）に関するガイドライン規格として、ISO26000が2010年に発行された。環境マネジメントの規格であるISO14001（⇒ P.140）は、組織が要求事項に適合しているかどうかを認証機関が判断し、認証を与える認証型の規格であるのに対し、ガイドライン規格とは組織が社会的責任を実現するために推奨される事項を「パッケージ」にして提供する手引書、ガイダンス文書の役割となるものである。

CSR の変遷

CSR は、企業の利益至上主義に基づく活動に対する反感から始まった。

①公害問題と石油ショック（1960 〜 70 年代）

わが国では、1960 年代に、高度成長の過程で公害問題が深刻化した。企業が排出した有害物質が原因となって発生した健康被害が広がり、企業の環境責任が大きく問われた。

1970 年代には、第四次中東戦争後のオイルショックの際に相次いだ、企業の便乗値上げによるインフレの加速が庶民生活を苦しめ、企業に対する反感が高まり、公害対策や利益還元など、具体的な社会的責任を企業に問う動きが高まった。

②企業の社会貢献の芽生え（1980 年代）

1980 年代に入ると、企業活動のグローバリゼーションが進展し、労働者の生活、賃金水準などの格差解消が叫ばれるようになった。

一方、フィランソロピー、メセナ活動など、社会貢献活動に関心を持つ企業も増えてきた。

③企業の社会的責任の定着（1990 年代）

1990 年代には、バブル崩壊の過程で発生した総会屋への利益供与、証券会社による損失補填、建設会社の談合など、企業の不祥事が問題になり、企業への不信感が高まった。

これらの事件を背景に、経団連（現日本経済団体連合会）が企業行動憲章を策定し、これまで個別に扱っていた諸問題を総合的に企業の社会的責任としてとらえる考え方が定着した。

また、この時代には地球温暖化をはじめとする地球規模での環境問題が表面化し、地球環境の保全に関する国際的な枠組みが整備された。

④ CSR が問われる時代（2000 年代〜）

2000 年代になると、企業への投資を行う株主の立場から、経営陣に対して CSR に配慮した経営を要求する社会的責任投資（SRI）が増加した。そして、どれだけ環境に配慮しているかという側面から企業を評価する動きが出始めた。

また、さまざまな社会問題への対応や、積極的な活動だけでなく、法的な制約のある内部統制によって企業の不祥事を防止する動きも出てきた。

CSR には、顧客、株主、従業員、関連企業など、企業の利益に関係する主体であるステークホルダーを意識した上での内容が求められるようになっている。

CSR の現在とこれから

　一時、企業による文化活動支援（メセナ活動）が盛んになっていたが、それをさらに進め、人権や社会貢献なども含め、持続性への貢献として位置づけ、業界での理解が進んできた。日本経団連での企業行動憲章、東京商工会議所での企業行動規範が代表的な取り組みである。また、イニシアティブ（環境への取り組み）に参加する企業が増えている。イニシアティブの代表的なものに、TCFD（気候関連財務情報開示タスクフォース）や SBT（⇒ P.51）、RE100（⇒ P.51）がある。「環境報告書」（⇒ P.143）も企業の環境への取り組みの一環である。

　SDGs が認知を深め、社会的な行動規範を律するようになってきている。ESG 投資が広まったことにより CSR は企業や社会において、ますます尊重される方向にあるといえる。

　各主体、組織、企業は ISO26000 を最低限として、それを超えるような社会的行動を創造し、格差の無い、健全な社会構築に貢献していくことが求められている。

用 語

● **ISO** ⇒ P.141

● **ISO26000**　2010 年に発行。企業に限らず、組織の社会的責任に関するガイドライン規格。持続可能な社会づくりのために幅広い組織への適用が念頭に置かれており、あらゆる組織を対象としている。組織の社会的責任（SR）の原則として、①説明責任、②透明性、③倫理的な行動、④ステークホルダーの利害の尊重、⑤法令遵守、⑥国際行動規範の尊重、⑦人権の尊重を規定している。

● **フィランソロピー**　企業による社会貢献活動。特に芸術文化支援を指して、メセナ活動という。

● **社会的責任投資（SRI）**　企業の収益性や利益だけでなく、社会的・倫理的側面（社会的責任）に着目して、投資するかしないかを判断すること。企業が行う環境保全への取り組みも SRI の判断基準の 1 つである。

● **ステークホルダー**　企業や行政、NPO 等の組織の利害や行動に利害関係のある主体。企業に関しては、株主、投資家、消費者、取引先、従業員、地域などがステークホルダーとなる。

● **企業行動憲章**　日本経団連が策定。企業行動のための 10 項目からなる。

● **企業行動規範**　東京商工会議所が、企業行動のあり方の「道しるべ」として発行。

● **TCFD（気候関連財務情報開示タスクフォース）** 企業の気候関連の財務情報の公表を目的に金融安定理事会が設置。ESG 投資等の判断の際に重視されてきている。

06 環境マネジメントシステム

08 経済成長　12 生産と消費　　　　　　　　　　　　重要度 ☆☆☆

環境マネジメントシステム（EMS）による組織づくり

　エンドオブパイプ的な排出に対する環境保護から、環境を汚染しないような組織づくりに転換し、その水準を高めていく取り組みを環境管理（環境マネジメントシステム：EMS）という。

　国際標準化機構（ISO）により、EMSの国際規格ISO14001が1996年に発行され、日本の企業が率先してその認証を得る努力をしており、当時、日本が最大の認証取得国であった。

ISO14001の特徴

　ISO14001は、①計画（Plan）、②支援及び運用（Do）、③パフォーマンス評価（Check）、④改善（Act）のPDCAサイクルを適用して環境管理のレベルを継続的に改善していこうというものである。ほかに、以下の特徴がある。

• 組織の種類を問わず導入できる

　ISO14001は、営利企業であれ地方自治体であれ、組織としての独立した機能をもち、管理体制が整備されていれば、その種類や規模を問わず、すべての組織で導入が可能である。

• 継続的な改善を求めている

　ISO14001は、環境負荷を低減するためのシステムづくりの仕組みを定めたものであり、低減の結果を求めるものではない。環境負荷低減のシステムの継続的な改善を求めている。

• 活動、製品・サービスが対象

　ISO14001は、環境に影響を与えるもののうち、組織が行う活動、活動によって生み出される製品やサービスを改善の対象としている。

• 第三者認証を受けられる

　ISO14001への適合は、基本的には組織の自主的な取り組みであり、自己宣言することもできるが、国ごとに1つ置かれている第三者機関（日本では（公財）

日本適合性認定協会（JAB））の審査を経て、認証を受けることもできる。これを公表することにより、企業が環境に配慮していることを社会全体に認めてもらうことができる。

◆ ISO14001 環境マネジメントシステム

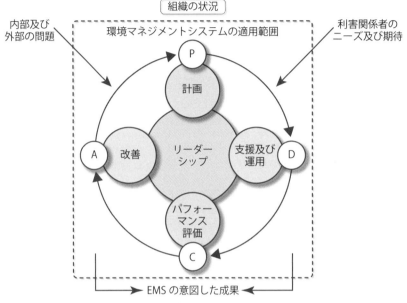

出典：ISO14001：2015（JIS Q 14001：2015）

　他に、日本独自の EMS にエコアクション 21 がある。EMS での「環境」には、自然環境に加え、企業の置かれた周辺の環境が含まれ、雇用や品質、CSR やガバナンス、会計の透明性なども含まれるようになってきた。

　取引先から、EMS の認証を得ていることを契約の条件に加えられることもあり、環境への取り組みが企業の活動に不可欠な要素となっている。

用 語　**● ISO**　国際標準化機構。電気と電子技術分野以外の全産業分野の国際規格を作成する。ISO9001（品質）、ISO27001（情報セキュリティ）などのマネジメントシステムが規格化されている。

●エコアクション 21　環境省による認証・登録制度。中小企業向けの EMS とされている。環境経営システムと環境への取り組み、環境報告の3要素が1つに統合され、環境への取り組みが効率的・効果的に行えるシステム。

07 ESG 投資の拡大

拡大する ESG 投資

　環境、社会、ガバナンスの3つの視点で投融資先を判断する ESG 投資は、2006 年に国連のアナン事務総長が機関投資家に責任投資原則（PRI）を提唱したことで発展し、大きく広まった。投資手法として、3つの視点について優れた取り組みを行っている投資先には優先的に投資を行い、取り組みが行われていない投資先には、エンゲージメント、資金削減、ダイベストメントが行われる。

　ESG に配慮した企業の株価が暴落しにくく、社会的課題をビジネスチャンスとして成長する可能性が高いなど、長期的利益を得やすいと考えられている。

温室効果ガスの削減

　世界的課題である温室効果ガスの削減は、ESG 投資先の評価項目として投資家が注目している。削減目標の高さや進捗度合いが ESG 投資先としての評価の目安となるため、具体的で高い目標値を定めて削減に取り組む企業が増えている。

　太陽光発電等の再生可能エネルギーを社内で生産する創エネ、太陽光電力の購入等再生可能エネルギーの調達、温室効果ガス排出量の少ないものへのエネルギー転換も重要である。また、スコープ3の温室効果ガス排出量を削減する動きも盛んである。スコープ3の削減のため、自社で使用する部品等の調達先に対し、納品する製品の生産に伴う温室効果ガス排出量の削減を求める動きが出ている。

> ## 用 語
> ●**ガバナンス**　社外取締役・執行役員制度の導入、内部統制強化などにより、不正のない健全な経営ができるように監視する仕組み。企業統治。
> ●**スコープ（SCOPE）**　事業に伴い発生する温室効果ガスを3つに分類する。
> **スコープ1**：事業者自らが燃料の燃焼などで直接発生させる温室効果ガス
> **スコープ2**：他社から供給された電気等の使用で間接的に発生した温室効果ガス
> **スコープ3**：スコープ1・2以外の温室効果ガスで、事業者自らの排出以外の事業活動に関係する排出量を指し、原材料の採取や加工、製品の使用や廃棄など

08 環境コミュニケーション

12 生産と消費 　17 実施手段 　　　　　　　　　　　　重要度 ☆☆☆

環境コミュニケーションとは

　事業者は生産活動の中で、どのような環境負荷削減に向けた行動をとり、どの程度の負荷を与えて、今後に向けてどのように負荷削減、SDGs 対応に取り組もうとしているのかを、関係者（ステークホルダー）に情報提供する。その情報を受けて、ステークホルダーは行動を定め、信頼を醸成し、前向きな協力などで環境問題の解決などを推進することが可能になる。

　そのような情報のやりとりが環境コミュニケーションであり、企業側からは環境報告書やサステナビリティ報告書の刊行をもって対応している例が多くみられる。

環境報告書とは

　環境報告書とは、企業などの事業者が定期的に公表するもので、環境マネジメントに関する状況と、環境負荷の低減に向けた取り組みの状況を明らかにするものである。

　報告書の項目については、国内では環境省が「環境報告ガイドライン」を作成している。また、環境報告書の信頼性を高めるため、第三者意見表明書や第三者審査報告書を掲載している例もある。

　環境報告書の内容には、環境保全に関する方針・目標・活動計画、環境マネジメントシステムや法令遵守の状況、環境保全技術開発等の状況、CO_2 排出量の削減、廃棄物の排出抑制等が含まれている。

環境報告書の多様化

　企業は、単に経済的な利益だけを考えるのではなく、環境面、社会面の結果も総合的に高めていき、持続可能な社会をつくることに配慮しながら、企業活動を行うことが求められている。このような考え方をトリプルボトムラインという。この考え方のもと、環境報告書は多様化・発展をみせている。

その他のコミュニケーション

　企業によっては、環境に関する対話集会の開催、株主総会時の説明など、機会をとらえてコミュニケーションを図り、社会との一体化をみせている。地域に向けては環境協定や地元での意見交換などへの取り組みが増えている。

　近年のコミュニケーションとしては、SNSを活用した情報発信、意見交換などにも取り組んでおり、通信環境の進展により一層の情報共有が図られている。

09 製品の環境配慮

12 生産と消費　　　　　　　　　　　　　　　　重要度 ★☆☆

製品ライフサイクルとその評価法

　環境に配慮した製品は、使用時の汚染にとどまらず、原材料の調達、製品の生産、流通、使用、廃棄のライフサイクル全般で環境に配慮したものであることが求められる。こうした製品ライフサイクルでの環境影響を評価する方法がライフサイクルアセスメント（LCA）である。その方法は、ISO14040 シリーズにあるが、必要なデータが莫大であり、二酸化炭素による地球温暖化への影響を評価することが限界である場合が多い。

◆製品ライフサイクルにおける環境負荷の発生

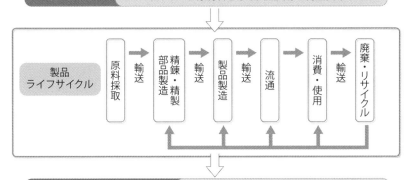

環境配慮設計

　その他の環境項目への影響は、例えば化学物質については RoHS 指令や WEEE 指令、REACH 規則（⇒ P.113）などに沿った扱いがなされているかなどが、環境調和性に関する判断基準を与える。また、汚染を発生するプロセス、工程を見つけ出し、環境保護に沿った製品設計を実現する環境配慮設計（エコデザイン）も試行されている。

環境配慮設計（環境適合設計）とは、廃棄物になった際やリサイクルの際に分解を容易にする、リサイクルしやすいように単一素材を使用するなど、製品の開発・設計段階で製品ライフサイクルを視野に入れて、環境に配慮した開発・設計を行うことである。

point **環境配慮設計の利点**…①製品原価、ランニングコスト、廃棄コストの削減 ②法的責任の軽減、将来強化される法規制による損失の低減 ③製品に関する継続的環境改善の定着化 ④従業員の環境に関する意識の向上 ⑤グリーン購入・調達を希望する顧客の取り込み

一般には、各業界団体が作成した環境配慮のためのガイドラインなどを利用して環境に配慮した開発・設計が行われている。

環境配慮設計は、環境への負荷を減らすために行うが、その過程で同時に、コストの削減、法的責任の軽減や法規制への対応ができる。また、環境改善に関する従業員の意識を高めることにより、製品に関しても環境改善が定着し、環境にやさしい製品として消費者から選ばれるものになることで、経済的な効果も期待できる。

point **環境配慮設計ガイドラインの評価項目例**
1 減量化・減容化 2 再生資源・再生部品の使用
3 再資源化等の可能性の向上 4 長期使用の促進
5 収集・運搬の容易化 6 手解体・分別処理の容易化
7 破砕・選別処理の容易化 8 包装 9 安全性
10 環境保存性 11 使用段階における省エネ・省資源
12 情報の提供 13 製造段階における環境負荷低減
14 LCA（ライフサイクルアセスメント） 15 輸送の容易化
出典：環境省「製品アセスメントマニュアル発行と法整備との関係」

ライフサイクルアセスメント（LCA）

LCAとは、製品ライフサイクルのそれぞれの過程における天然資源の投入量、環境へ排出される環境負荷物質の量をデータとして科学的・定量的に収集し、その結果を評価する手法である。事業者は、LCAをツールとして用いることで、より環境負荷の少ない製品やサービスを提供でき、消費者もより環境負荷の少ない製品を選択することができる。

　LCAは温室効果ガス、中でもサービスや製品のライフサイクルでのCO_2排出量を評価する方法として認識され、解析例も、多くがライフサイクルGHG排出量評価となっている。評価実施者は、そのサービスや製品の波及する範囲を想定し、評価漏れの無いように細心の注意を払って波及範囲を特定し、対象に加えて入手可能な最新・妥当なデータベースを駆使し、評価を実施している。

　しかし、程度の差はあるが、結果には不確実性を伴うことは避けられない。そのLCAの結果が重大な決定要因となる場合、解析の前提、条件をできる限り明記し、判断者は注意深くその結果を読み解き、意思決定を行うことが求められる。

　不確実性を伴う結果であっても、新たな情報として社会で適切に利活用することが、全体のエコライフの進展に寄与する。LCAに期待される機能は、多くの環境項目を網羅し、環境影響を対比させながら意思決定において情報提供を行うことにある。

　多様な環境項目に関する評価について、その手法を科学的かつ容易なものにする努力、それに必要なデータ類の整備、普及がなされることが期待される。

LCAの実施

　製品のライフサイクルでの二酸化炭素排出量を積み重ねて製品に示すカーボンフットプリント（CFP）も制度化されてラベル表示が実施されている。これにより、消費者は地球温暖化を意識した製品選択を行うことが可能である。同様の表示にエコリーフ環境ラベルプログラムがある。

　人間の経済活動や生活などを通して排出された二酸化炭素などの温室効果ガスを、植林・森林保護・クリーンエネルギー事業（排出権購入）による削減活動による「別の活動」で直接、間接的に吸収しようとするカーボンオフセットが導入されている。これらの定量的な評価では、LCAによる方法がとられている。

用語
● **RoHS指令**⇒ P.113
● **WEEE指令**⇒ P.113
● **REACH規則**⇒ P.113
●**カーボンフットプリント**⇒ P.55　ラベルは右上図参照。
●**エコリーフ環境ラベルプログラム**　製品のライフサイクル全体での定量的環境情報をエコリーフマーク（右下図）で可視化したもの。LCAの手法が利用されている。

⑩ 企業の環境活動

02 飢餓　　08 経済成長　　12 生産と消費　　14 海洋資源
15 陸上資源　　　　　　　　　　　　　　　　　　　　重要度 ☆☆☆

企業の環境活動と行動計画

　経団連では 1997 年に「環境自主行動計画」を策定し、CO_2 排出量の削減や再生可能エネルギーの活用、オフィス・物流改善、3R の推進、森林保全などに取り組んできた。2013 年度からは「低炭素社会実行計画」を公表し、現在は 2030 年を目標とした「経団連低炭素社会実行計画（フェーズⅡ）」に取り組んでいる。

　その計画の中では、参画業界団体ごとに計画を定めて実行し、結果を点検、評価し、新たな目標に向けて行動を計画する、まさしく PDCA サイクルで取り組んでいる。

---

point　「経団連低炭素社会実行計画」では、①国内事業活動からの CO_2 排出抑制、②主体間連携の強化、③国際貢献の推進、④革新的技術の開発に取り組んでいる。

〈CO_2 排出量実績（2019 年度）〉

- **前年度比（2018 年度比）**：運輸部門を除き、産業、エネルギー転換、業務部門で減少
- **2013 年度比**：全部門で減少（産業、エネルギー転換、業務、運輸部門）

〈CO_2 排出削減への取り組みの例〉

- **製造までの排出量がより少ない製品調達**…バイオマスポリエチレン容器（日本製薬団体連合会）
- **使用時排出量がより少ない製品・サービス提供**…高機能鋼材（日本鉄鋼連盟）、住宅用断熱材（日本化学工業協会）、自動車燃費改善・次世代車（日本自動車工業会）、低燃費タイヤ（日本ゴム工業会）、スマートメーター（電気事業低炭素社会協議会）、潜熱回収型高効率石油給湯器（石油連盟）
- **輸送時排出量がより少ない軽量化製品提供**…紙・段ボールシートの軽量化（日本製紙連合会）
- **製品廃棄（3R）**…廃棄物・副産物の有効利用（セメント協会）、ガラスビンのリユース（日本乳業協会）

出典：一般社団法人 日本経済団体連合会「経団連低炭素社会実行計画 2020 年度フォローアップ結果 総括編〈2019 年度実績〉［速報版］」より作成

社会全体の CO_2 排出量の削減に向けて、自らの事業における排出削減にとどまらず、原材料供給者、運輸業者、顧客企業、社員、消費者、地域住民、政府・自治体、教育機関等々と連携した排出削減の取り組みも重要である。事業者は、低炭素型製品・サービスの開発や提供はもとより、環境性能や環境負荷に関する情報提供、省エネルギーのコンサルティングやキャンペーン等を通じて、地球温暖化防止に関する意識や知識の向上、国民運動の醸成にも取り組んでいる。

> **point** 働き方改革の導入により、以下のような環境保全への効果が期待されている。
> - **テレワーク**…自宅等でインターネットを利用して行う業務形態で、環境負荷削減、時間の活用にも有効。コロナ禍により浸透し、密集を避けた通勤、会議・セミナー等に導入され、認識が高まっている。
> - **ペーパーレス化**…紙で作成されていた文書を電子化すること。紙の原料は植物由来のパルプであり、製造過程から生ずる廃液を熱源に使うことで、化石燃料消費削減への効果は大きくないと指摘されている。

第一次産業と環境活動

農林水産業、鉱業を中心とする第一次産業は自然を事業の対象とすることから、自然環境との関わりが強い産業といえる。わが国では鉱産資源が乏しく、鉱業界からの生産規模が低迷していることから、第一次産業は農林水産業が主である。また、第一次、第二次、第三次産業が連携する6次産業化が注目を集めている。

> **point** 6次産業化…農産物などの生産物の価値を上げるため、農林漁業者が、生産だけでなく、加工（第二次産業）、流通・販売（第三次産業）にも取り組むこと。農林水産業を活性化させ、農山漁村の経済の向上、雇用の確保を目指している。

・農業

土地に除草剤、殺虫剤を投入することから、環境への影響が懸念される産業といえる。わが国でも、日本農林規格（JAS）の有機JAS規格による、より厳しい管理が徹底されている。コンポストや無農薬野菜などの有機農業が認定された事業者の農作物には有機JASマークがつけられている。近年はGAP（農業生産工程管理）制度による食品の安全性や環境の保全の取り組みが進められている。エコファーマー認定制度による、持続性の高い農業生産方式を導入した農業生産にも取り組まれており、認定生産者には税制の優遇措置などがなされている。

- 林業

　森林は生物多様性の宝庫といわれ、その保全は環境保護活動の中心にもなっている。また、国土全体に占める森林面積の比率が先進諸国の中でも高い日本は、二酸化炭素吸収源として活用が期待されている。

　2019年に経営管理が行われていない森林について、市町村が仲介役となり、所有者と担い手をつなぐため、**森林経営管理法**が施行、**森林経営管理制度**が始まった。

> **point**　林業における近年の動き
> ①税制の整備…森林環境税（2024年度）、森林環境譲与税（2019年度）の創設
> ②人材の育成・確保…緑の雇用事業、森林施業プランナー・フォレスター（森林総合監理士）の育成

- 漁業

　海洋に囲まれる日本は水産業が盛んであったが、藻場や干潟の減少や消失といった環境の悪化などで、漁業資源の枯渇が目立つようになり、養殖漁業が導入されるようになっている。しかし、世界の漁業の34.2％が持続可能な水準を超えて漁獲されているという報告が国連食糧農業機関（FAO）から出されるなど、持続性は課題である。世界的には、MSC認証やASC認証などの認証制度も市場に導入されている。また、魚付き林の整備なども試みられている。

> **用　語**　●**スマートメーター**⇒P.59
> ●**コンポスト**　生ごみ等を微生物の力で分解し、堆肥にしたもの。
> ●**有機JASマーク**　農薬や化学肥料などの化学物質に頼らず、自然界の力で生産された野菜や果物など、有機JAS規格を満たす農産物に表示されるマーク。
> ●**エコファーマー認定制度**　堆肥による土づくりや化学肥料の使用低減など、環境と調和した農業生産方式に取り組む生産者を都道府県知事が認定する制度。
> ●**藻場**　沿岸域に存在し、海草や大型の海藻の生い茂っているところ。海洋生物の産卵・生育場所となり、水質改善や光合成によるCO_2吸収の働きもある。
> ● **MSC認証**　海洋管理協議会による認証制度。水産資源と環境に配慮し、持続可能な漁法で獲られた水産物を認証。
> ● **ASC認証**　水産養殖管理協議会による認証制度。
> ●**魚付き林**　海岸沿いの保護されている森林。魚が好む日陰をつくっている。栄養塩類が供給され、プランクトンを育てることにより魚類繁殖に効果がある。

⑪ 環境問題への市民の関わり

12 生産と消費　　16 平和　　17 実施手段　　　　　重要度 ☆☆☆

個人・集団の環境への貢献

　社会を構成する個人の意識と行動が、環境問題の解決には重要である。人類誕生以来、私たちは集団を形成して食糧生産を前に進め、意見を交わし、集約して政策をまとめ上げ、大きな規模の社会運営を可能にしてきた歴史を持つ。

　環境問題についても同様に、例えばゴミ問題を例とすると、各家庭での分別、近隣グループによる定期的な収集、自治体レベルの廃棄処分など、個人からさまざまなレベルでの連携と責任ある行動が適切な運営を可能にしている。

　個人から共同体、地域を単位に自助／共助／公助の考え方、整理を導入しつつ適切な政策の具体化を進めることが環境問題の前進に不可欠である。その構成員として、個々人の貢献と、集団での機能化が肝要である。

ライフスタイルの改善

　現在、人々の日常生活に起因する環境への負荷が増えており、大量消費・大量廃棄型のライフスタイルの改善に対して社会全体での取り組みが必要となっている。自主的・積極的に進めることにより、環境負荷の低減が期待される。

point 私たちのライフスタイルは、マーケットと公共空間に影響を受けている。

```
┌─ ライフスタイル ─────────────────────────┐
│  ┌─ マーケット（市場）─┐        ┌─ 公共空間（都市・地域・交通）┐ │
│  │                  │  ┌───┐  │                        │ │
│  │  製品・サービス    │◀▶│市民│◀▶│   公共的サービス          │ │
│  │                  │  └───┘  │                        │ │
│  └──────────────────┘        └────────────────────────┘ │
└──────────────────────────────────────────┘
```

用　語 ●**自助／共助／公助**　自助は個人・家庭など自分（たち）でできることを行うこと。共助は地域の人々が助け合うこと。公助は国や自治体など行政機関が支援すること。3つを合わせて三助ともいう。

12 生活者・消費者

02 飢餓	03 保健	04 教育	07 エネルギー	
11 まちづくり	12 生産と消費			重要度 ☆ ★ ☆

市民による環境への貢献

　私たちが環境への貢献を果たせる機会は、日常の生活の場が中心となる。製品の製造から廃棄まで、環境にやさしい機能を果たしていくことが必要であり、製品のライフサイクル（商品の一生）にも目を向けなければならない。前出の LCA がその定量的な判断基準を表す。

> **point** ● CO_2 排出量のうち家庭部門における割合…16.0%
> 産業部門（工場等）…33.8 %、運輸部門（自動車等）…17.7 %
> 業務その他部門（商業・サービス・事業所等）…17.7 %
> 出典：環境省「2020 年度（令和 2 年度）の温室効果ガス排出量（速報値）について」

グリーン購入・グリーンコンシューマー

　グリーン購入とは、商品を購入する際にその商品が環境に配慮しているかどうかを確認し、そうした商品を優先的に購入することで、環境への負荷を間接的に減少させようとする活動である。グリーン購入を積極的に行い、環境に配慮した生活を送る消費者をグリーンコンシューマーという。

> **point** 　グリーンコンシューマーの買い物 10 の原則
> ①必要なものを必要な量だけ買う　②使い捨て商品ではなく、長く使えるものを選ぶ　③包装はないものを最優先し、次に最小限のもの、容器は再使用できるものを選ぶ　④作るとき、使うとき、捨てるとき、資源とエネルギー消費の少ないものを選ぶ　⑤化学物質による環境汚染と健康への影響の少ないものを選ぶ　⑥自然と生物多様性を損なわないものを選ぶ　⑦近くで生産・製造されたものを選ぶ　⑧作る人に公正な分配が保障されるものを選ぶ　⑨リサイクルされたもの、リサイクルシステムのあるものを選ぶ　⑩環境問題に熱心に取り組み、環境情報を公開しているメーカーや店を選ぶ
> 出典：NPO 法人環境市民ウェブサイト「グリーンコンシューマー活動」より

　2001年から施行されたグリーン購入法（国等による環境物品等の調達の推進等に関する法律）により、国はグリーン商品等に関する情報を整理・提供、国の機関のグリーン購入の義務、地方自治体の努力義務が示されている。企業や国民に対しては、できる限りグリーン購入に努めることとされている。

エシカル消費・消費者市民

　こうした環境保全に役立ち、倫理として正しい消費をエシカル消費（倫理的消費）という。エシカル消費への関心は高まりつつあり、その1つの形としてフェアトレードがある。フェアトレードを謳う商品を市場で見かけるようになって、20年程度経っているが、国民レベルではフェアトレードに対する認知率が低い状態である。政府調査では、概要でもある程度正確に内容を知っている人の割合は30%程度であり、国際的な比較では、低位の認知率である。

　その原因については、さまざまな検討がされているが、エコピープルはフェアトレードの果たす役割を認識し、できる範囲で貢献を図ることが大切である。また、わが国で取り組める政策について、建設的な提案に結び付けることが有効である。

　その他に、紛争鉱物、オーガニック、地産地消、児童労働などさまざまな観点に立っての消費者としての選択が求められている。こうした考えは「消費者市民」として2012年に成立した消費者教育推進法で示されている。

環境ラベル

　一般的な消費者が環境のための視点に立って消費を行う際の手がかりとして、第三者が評価したさまざまな環境ラベルが提供されている。わが国では、エコマークやエコリーフなどのほか、省エネラベル、有機JASマーク、MSC「海のエコラベル」、フェアトレード認証ラベルなども情報を与えている。

ライフスタイルによる環境への負荷

　環境負荷は、人間の活動によるものがほとんどであり、自らのライフスタイルに配慮することにより、負荷を減少することにつながる。

　私たちの活動を衣食住の各シーンで考えると、それぞれ感性を主体とした要素がからみ、環境調和性のみでは意思決定しにくいが、新しいライフスタイルが求められているといえる。

衣・食・住・移動における問題と解決

「衣」は個性の表現であり尊重されるべきであるが、ファストファッションに走らず、長期間の使用に耐える商品、オーガニックコットンなど環境に配慮した素材、長距離輸送を伴わない地元製品など、選択の余地はいくらでもある。

「食」も大いに「好み」を満たす行動であるが、食品ロス問題の解消を目指したい。また、地元産の食材の選択（フードマイレージ、バーチャルウォーターを考慮）、食品の情報取得（環境ラベル、賞味／消費期限、添加物表示、トレーサビリティーシステム）などによる低環境負荷食品の摂取に努めることが必要である。

◆輸入食料のフードマイレージ比較　出典：ウェブサイト「フード・マイレージ資料室」

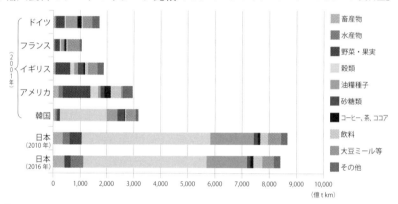

point　フードマイレージ…食品を輸送する際に発生する CO_2 の排出量の指標。生産地と消費地が離れているほど値が大きくなり、環境への負荷が高まる。多くの食料を輸入に頼るわが国は、先進国の中で極めて大きな値となっている。毎年、その推定値が農林水産省等を中心に公表されている。

「住」についても、ZEH、環境共生住宅など低消費エネルギー型の住宅（省エネ基準）の選択、低汚染型の素材選択、LED 照明など省エネ機器の利活用などの手段がある。

「移動」については、個人の選択により環境負荷を軽減する幅が大きい。家庭から排出される CO_2 のうち約 26 ％は自動車からである。低環境負荷型の鉄道などのインフラ整備を、自治体を巻き込んで総意で求めていくことが必要である。近年は都市部でのシェアサイクルなど「スマートムーブ」も取り組まれている。

◆家庭部門のエネルギー消費　出典：経済産業省『エネルギー白書 2022』

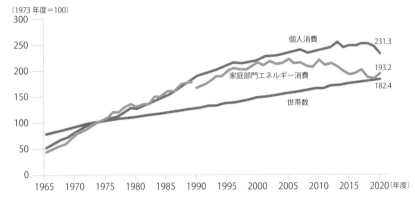

◆世帯当たりのエネルギー消費原単位と用途別エネルギー消費の推移

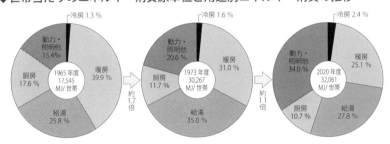

出典：経済産業省『エネルギー白書 2022』

用　語　●**フェアトレード**　開発途上国からの輸入において、公正な取引をすること。正当な賃金の不払い、農薬の多使用による環境汚染が問題化され、公平性と継続性が目指されている。

●**紛争鉱物**　紛争の起きている国で採れる鉱物。不法な採掘、武装勢力の資金源など問題が多い。

●**トレーサビリティー**　追跡可能なシステムのこと。食品においては、生産地や生産者、農薬の使用状況、流通経路を個体番号で表示している。

● **ZEH**　Net Zero Energy House の略称。省エネ機能により、年間のエネルギー消費を差し引き0にする住宅。

●**シェアサイクル**　自転車を貸し出すシステム。借りた場所とは違う場所で返すこともできる。

●**スマートムーブ**　COOL CHOICE（⇒ P.51）の一環として推進されている取り組み。公共交通機関や自転車、徒歩の利用などを呼びかけている。

⑬ 主権者としての市民

04 教育　　12 生産と消費　　16 平和　　17 実施手段　　重要度 ★★☆

行政の取り組みと政策

　個人から、地域、自治体へと規模を広めた連携の必要性に対し、行政の取り組みは大きな効果をもたらす場合が多い。

　例えば、環境調和型製品の社会への浸透を促進するには、税制度や補助金などの優遇を施したりして普及を図り、成功している。その一例に、レジ袋の有料化やトップランナー制度がある。

> **point** 海洋ごみ対策や地球温暖化対策等を背景に、消費者のライフスタイル変革を促すことを目的として、2020年7月から「レジ袋有料化義務化（無料配布禁止等）」となった。プラスチック資源の循環を推進するための重点戦略の1つとして、リデュース等の徹底を位置づけ、その取り組みの一環として行われている。

主権者としての関わり

　戦後社会では、選挙制度を通じて為政者を選び、税金を納めて政策推進を行っているのが国民である。選挙の際には、候補者の姿勢に注目し、ふさわしい候補者を推薦・投票し、行動を起こすことが必要である。このように、社会の問題を自分の問題として考え、自ら判断し、行動していく主権者を育成することを**主権者教育**という。選挙権（成人）年齢が18歳に引き下げられたこともあり、学校教育の場でも主権者教育の必要性が認識されている。

　また、環境行政に対して関連するパブリックコメントの場や、参加型会議、直接請求など、積極的に取り組む機会をとらえる必要がある。

納税者としての関わり

　税金に関しては、環境に影響した税制は数多くある。それらにアンテナを張り、賢くエコライフを過ごし、必要に応じて制度改革を主張するなど、積極的な行動が求められる。

point **環境税とは**

　環境の保全を目的として、環境に影響を及ぼすものに課税すること。地球温暖化対策税、森林環境税、水源税などがある。

- **地球温暖化対策税**

　化石燃料に課せられている税金。既にわが国では化石燃料に対してエネルギー関連諸税が課せられており、温暖化対策税とそれらとの関係の整理と国民への周知が重要と思われる。

- **森林環境税**

　わが国の温室効果ガス排出削減目標の達成や、災害防止を図るための森林整備に必要な地方財源を確保するため、森林環境税が創設。2024 年度から 1 人年額1,000 円を個人住民税均等割に上乗せして課せられ、実際の徴収は個人住民税に併せて市町村が行う。

- **水源税**

　多くの公益的機能を持つ森林の保全を行うことを目的としている。導入している自治体のほとんどでは県民税への上乗せ方式を採用している。

　一方、環境に配慮した製品の購入の際に税負担を軽減する措置（グリーン化税制）もある。

- **エコカー減税**　電気自動車や国土交通省が定めた基準をクリアした環境対応車の購入に対し、自動車重量税が軽減される。
- **省エネ住宅の住宅ローン減税**　など

◆地球温暖化対策税による家計負担

税によるエネルギー価格上昇額		エネルギー消費量（年間）*	世帯当たりの負担額
ガソリン	0.76 円 / L	448 L	
灯油	0.76 円 / L	208 L	
電気	0.11 円 / kWh	4,748 kWh	1,228 円 / 年 （102 円 / 月）
都市ガス	0.647 円 / Nm³	214 Nm³	
LPG	0.78 円 / kg	89 kg	

＊家計調査（平成 22 年）（総務省統計局）などを基に試算。
出典：環境省 HP「地球温暖化対策のための税の導入」

用　語　●**トップランナー制度**⇒ P.55
●**パブリックコメント制度**⇒ P.131
●**参加型会議**⇒ P.131

14 NPO の役割

環境 NPO への期待

環境 NPO は、特定非営利活動促進法（NPO 法：1998 年）成立後に、各地に数多く設立・認定されている。アジェンダ 21 でも、「非政府組織の役割強化」が明記され、わが国で開催された環境に関する国際的な会議（COP3、COP10 など）を契機に環境 NPO への期待が高まり、活動の場が広がっている。

わが国の環境 NPO

独立行政法人環境再生保全機構では、民間団体の活動調査結果をデータベースで提供している。それによると、わが国に拠点を持ち、環境保全活動を行う民間団体は、約 18,000 団体あり、地域の環境から全国的な環境問題、最近では持続性に関する課題を取り扱う団体まで広範囲に及んでいる。

さらに、純粋に科学的な真理の追求から、法律社会制度を検討する団体など、研究から人口問題への政策提言など、広い分野で、さまざまなレベルで活動が行われていることが察せられる。

国や政府からの NPO への期待も高まっており、活動資金の支援も多岐にわたって行われている。

欧米との比較

環境 NPO が地道な活動を継続し、広く認知を受けているものの、総体的にみれば、持続可能な社会を構築するうえでの不可欠な役割を十分に担うには至っていない。欧米での環境 NPO の存在が社会システムの中の重要な一部として機能しているのに対し、日本ではこれまでの歴史が浅く、制度的に未熟であること、それに一部起因する経済的基盤の弱さ、アピール力の不足や社会的・宗教的背景の相違などが原因とされる。

今後の社会の発展に伴って、健全な NPO の発展、成長により、期待されている情報・意見の発信、活動が拡大されよう。

◆ NPO の取り組み例

	実践活動	政策提言
森林の保全・緑化	• 国内の森林、里山での植林、下草刈り（森づくり） • 国産材を活用した炭・木工製品・家などの制作と販売	• **持続可能**な森林経営のあり方に関する提言 • 市民参加の森づくりに関する提言
自然保護	• **野生生物**の生息地の保全活動 • ナショナル・トラスト運動	• 著しい自然破壊につながる開発への反対及び代替提案 • 野生生物保護、生態系保全に関する提言
大気環境保全	• **フロン回収運動** • 脱フロン機器（冷蔵庫など）の開発・販売	• 調査活動に基づく代替提案 • 脱フロン製品の開発に関する法整備、企業管理
水環境保全	• 河川や沿岸地域のクリーンアップ • 炭による浄化活動	• 湿地のワイズユースに関する提言 • 大規模なダムや河川改修事業への代替提案
砂漠化防止	• 海外の荒廃地における緑化・植林 • 砂漠化のおそれのある農村における自立支援活動	• 砂漠化対処条約の国際交渉への参画
リサイクル・廃棄物	• 資源回収及びその仕組みづくり • クリーンアップ、清掃活動 • 不法投棄の市民による監視	• ごみ処理や**リサイクル**のあり方に関する提言 • 発生抑制に重点を置いた政策に関する提言
消費・生活	•「地球にやさしい買い物ガイド」づくり • エコプロダクツの開発や販売・マイバッグ運動	• **エコラベル**や各種表示のあり方に関する提言 • 有機農業を推進するための提言
環境教育	• 教材やプログラムの開発 • 学校教育や社会教育の場での環境教育の実施	• 環境教育推進に関する政策提言
地域環境管理	• 環境共生型のまちづくり運動 • ビオトープの造成、都市緑化	• ローカル・アジェンダづくりへの参画 • 都市計画マスタープランづくりへの参画
地球温暖化防止	• 自然エネルギー施設の設置／運営 • フロン回収	• エネルギー政策への提言 • 交通政策への提言

出典：環境省「環境 NGO ／ NPO の活動状況」より作成

用　語　● **NPO**　Non Profit Organization（非営利組織）の略称で、さまざまな社会貢献活動を行い、団体の構成員に対し、収益を分配することを目的としない民間の団体。

● **NGO**　Non-Governmental Organization（非政府組織）の略称で、日本では紛争や貧困など世界規模での問題に国際的な取り組みを行っている団体を指す。

15 ソーシャルビジネス

08 経済成長　17 実施手段　　　　　　　　　　　　　　　重要度 ☆☆☆

社会的課題とソーシャルビジネス

　ソーシャルビジネスは、多くの社会的課題を対象としてとらえ、問題解決に取り組む事業のことで、環境に特化したものとは限らない。しかし、持続可能な社会全般を「環境」に含むので、広い意味での環境問題全般を対象にしているといえよう。社会的な課題を解決するのが主目的であるが、「ソーシャルビジネスが謳われてきているから、行政が手を伸ばさなくて良い」という消極的な理解が進むことは避けなければいけない。ソーシャルビジネスを育てるため、ビジネス経験者の経験の活用、課題の発掘、成果の普及など、行政の出番は確実に存在する。

> **point**　ソーシャルビジネスとは
> - さまざまな社会的課題（高齢化問題、環境問題、子育て・教育問題など）を市場としてとらえ、その解決を目的とする事業。「社会性」「事業性」「革新性」の3つを要件とする。
> - 推進の結果として、経済の活性化や新しい雇用の創出に寄与する効果が期待される。
>
> 社会性：現在、解決が求められる社会的課題に取り組むことを事業活動のミッションとすること。
> 事業性：ミッションをビジネスの形に表し、継続的に事業活動を進めていくこと。
> 革新性：新しい社会的商品・サービスや、それを提供するための仕組みを開発したり、活用したりすること。また、その活動が社会に広がることを通して、新しい社会的価値を創出すること。
>
> 　　　　　　　　　　出典：経済産業省「ソーシャルビジネス推進研究会報告書」

ソーシャルビジネスの新たな発展と事例

　社会的な課題をビジネスとして解決し、新たな活動として継続することは、従来型のビジネスの進展、新たな展開を拓くことにつながる場合がある。わが国の政府も積極的に推進し、新成長産業、地域産業として補助金を活用して促進して

いる。政策金融機関もソーシャルビジネス推進のための融資に取り組んでいて、年間1万件（800億円）を超える融資で支援している。

　事例として、バングラデシュのグラミン銀行（貧困層を対象とした小口金融）と創設者のムハマド・ユヌスが典型的なソーシャルビジネスの成功例として挙げられ、ノーベル平和賞を獲得している。

◆ソーシャルビジネスの収入構造

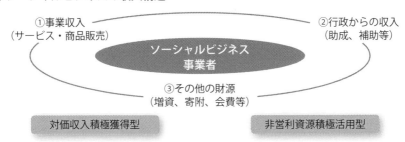

① 事業収入
（サービス・商品販売）

② 行政からの収入
（助成、補助等）

ソーシャルビジネス
事業者

③ その他の財源
（増資、寄附、会費等）

対価収入積極獲得型　　　　　　　　　　　　非営利資源積極活用型

出典：経済産業省「ソーシャルビジネス推進研究会報告書」

マルチステークホルダープロセス

　解決の難しい課題に対し、意思疎通を図るプロセスがマルチステークホルダープロセスである。各ステークホルダーが協働して、課題解決の方向を定め、行動することにより、難題を克服することを目指す。この取り組みは地域の中で連携を図り、農業・林業・観光業の活性化、地域の魅力発信など、成果を上げつつある。

point マルチステークホルダープロセスの特徴

1. 信頼関係の醸成　2. 社会的な正当性　3. 全体最適の追求　4. 主体的行動の促進
5. 学習する会議

出典：内閣府「持続可能な未来のためのマルチステークホルダー・サイト」

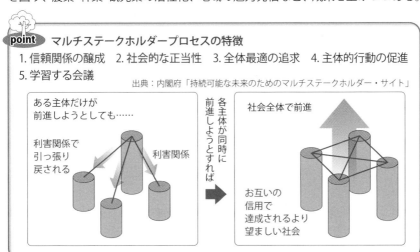

ある主体だけが
前進しようとしても……

利害関係で
引っ張り
戻される

利害関係

各主体が同時に前進しようとすれば

社会全体で前進

お互いの
信用で
達成されるより
望ましい社会

16 行政・企業・市民の協働

16 平和　　17 実施手段　　　　　　　　　　重要度 ☆☆☆

協働への推進

環境保護、改善に向けた行動は、一主体で成し遂げられるものは限られ、多くの主体が連携、協働して推進することが好ましい事例が多い。

協働による環境保全活動の具体例としては、滋賀県愛東町（現・東近江市）から全国に広がった菜の花エコプロジェクトをはじめ、霞ケ浦水系の環境保全を目指すアサザプロジェクト、名古屋市のごみ減量化への取り組みで循環型社会への寄与を目指したプロジェクトなど、枚挙にいとまがない。

> **point** 地域協働の具体例「アサザプロジェクト」
>
> アサザプロジェクトは、市民型の環境保全活動の代表例として挙げられている。霞ケ浦を舞台に、1990 年代から「生物多様性の確保」「湖の自浄力の再生」「流域管理の確立」「行政政策の統合化」などに取り組んできている。大学や企業の先端的な研究、自治体の地域振興、環境教育と連携を取り、一体化しながら流域全体で幅広く活動を展開している。それにより、湖岸植生帯の復元、水源の山林や水田の保全、外来魚駆除、放棄水田を活かした水質浄化など、環境保全や地域振興に数多くの成果を挙げている。

企業の社会的責任

企業の社会活動への参画が期待されてきたが、企業の社会的責任（CSR）意識の浸透とともに、参画意欲が高まりつつある。

CSR は企業が利潤の追求だけでなく、社会の一員として社員や取引先、消費者などステークホルダーを尊重し、自らの影響に対する責任を果たすための自発的な取り組みであるが、メセナ活動などがその代表的な例の 1 つに数えられている。

さまざまな業種による環境保全や地域活性化の取り組みが進められている。例えば、金融機関は自治体との包括連携協定による地方創生、製造業や食品加工業は地域のブランドづくりとそれによる産業活性化などである。小売業でいえばコンビニのセーフティステーション活動を通して、地域の保安に努めている。

民間との協働

また、企業の持つ社会性、管理技術、経済原理、資金などとの融合により、社会生活、公共サービスへの貢献を目指して、民間資金等活用事業（Private Finance Initiative：PFI）が整備された。これにより、公共サービス運営に企画、計画段階から民間企業が加わり、民間の独自ノウハウで、より効率的な運営を目指す官民連携事業（Public Private Partnership：PPP）が増加し、厳しい財政状況のなかで民間資金の導入、活用により行き詰まりを乗り越えようとしている。

国として、内閣府で「PPP／PFI推進アクションプラン」を定め、一層の活用を目指している。

◆ PPP と PFI

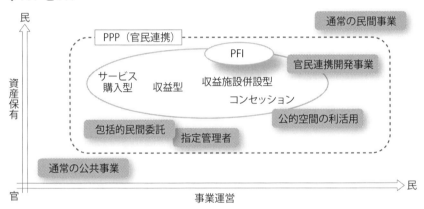

出典：内閣府「PPP／PFIの概要」

用語 ●セーフティステーション　コンビニエンスストアをまちの安全・安心の拠点として位置づけ、安全、安心なまちづくりに貢献していこうという試み。
●民間資金等活用事業（PFI）　公共施設等の建設、維持管理、運営等に民間の資金、経営能力、技術的能力を活用することにより、同一水準のサービスをより安く、又は同一価格でより上質のサービスを提供する手法。民間の資金、ノウハウ等の活用により公共施設等の整備等にかかるコストの縮減が見込まれる。
●官民連携事業（PPP）　行政と民間が連携して、それぞれお互いの強みを活かすことによって、最適な公共サービスの提供を実現し、地域の価値や住民満足度の最大化を図るもの。手段として、PFI、指定管理者等の制度の導入、包括的民間委託などがある。

協働による持続可能な地域づくり

　近年、環境問題のみならず福祉をはじめとする地域の課題において、行政機関のみでは解決できない事案もみられるようになってきている。そのような解決の難しい課題に対し、多くのステークホルダーが対等な立場で参加・議論できる会議を通して、合意形成などの意思疎通を図るプロセスが**マルチステークホルダープロセス**である。また、NPO等の**中間支援機能**にも注目が集まっている。SDGs17番目のゴールの表題は「パートナーシップで目標を達成しよう」とあり、まさにステークホルダー間でパートナーシップを確立することが求められている。

> **用　語**　●**中間支援機能**　行政と地域住民など各主体の意見を、中立の立場でまとめたり、それぞれが持つ資源の仲介をするなど、協働をより実りあるものにすること。この役割を担う組織を**中間支援組織**という。

--- column ---

感染症と持続可能な開発

　COVID-19（新型コロナウイルスによる感染症）の**パンデミック**により、2020年は深刻な人的・経済的な危機が引き起こされた。COVID-19は**新興感染症**であり、過去には、中世ヨーロッパで大流行したペスト、第一次世界大戦中のスペインかぜ（インフルエンザ）もそうである。近年になっても、1976年のエボラ出血熱、1981年のAIDS（後天性免疫不全症候群）が出現するなど、さまざまな感染症が新たに発見されている。また、克服されつつあったマラリアや結核などの感染症で、再び流行のきざしがみられ、このような感染症を**再興感染症**という。

　新興感染症や再興感染症の脅威が大きくなっている要因として、人間の活動範囲が自然環境の奥深くまで侵食したことによる生物多様性の毀損（きそん）や、気候変動などの環境問題と関連性があると、以下の報告書でも指摘されている。

◎**生物多様性とパンデミックに関するワークショップ報告書**（IPBES、2020年）

- 新興感染症の30％以上は森林減少、野生動物生息地への人間の居住、穀物や家畜生産の増加、都市化等の土地利用変化が発生要因
- 保護地域を設定し、生物多様性の高い地域における持続性のない開発行為を減らすことで、野生生物との過剰な接触を減らし新たな感染症の流出を防ぐ

◎**第6次評価報告書第2作業部会報告書**（IPCC、2022年）

- 気候変動により水系感染症を含む伝染病のリスクが高まる
- ヒトスジシマカにより媒介されるデング熱は、リスクが高まる季節が長くなり、地理的に広い範囲でリスクが高まることを指摘

eco 検定®
要点まとめ ✚ よく出る問題

問題編

01 環境とは何か
02 環境問題の歴史〈世界〉

問 1 環境の問題は、地球規模で起きる地球環境問題と、地域に限定される地域環境問題とに区分される。

問 2 『不都合な真実』は、1962 年にレイチェル・カーソンが発表した書物で、化学物質による環境汚染について警告を発した。

問 3 1972 年、スウェーデンのストックホルムで開催された、環境問題に関する初の国連主催国際会議で、「人間開発報告書」が採択された。

問 4 1972 年、国連が主催する環境問題に関する初の国際会議として、ストックホルムにて「国連人間環境会議」が開かれた。このことを記念して設けられた環境の日（世界環境デー）は、4 月 5 日である。

問 5 1972 年にローマクラブが発表した「成長の限界」で、100 年以内に人類の成長は限界点に達すると警告した。

問 6 1987 年に環境と開発に関する世界委員会（WCED）が発表した報告書は、「我ら共有の未来」である。

問 7 世界約 180 か国が参加した国際会議で、持続可能な開発を実現していくうえで、基本とすべき原則や考え方を盛り込んだ「リオ宣言」が採択された。

問 8 2000 年に採択されたミレニアム開発目標（MDGs）は、貧困の撲滅など途上国の開発についての目標とされていた。

問 9 2012 年、リオ＋ 20 で採択された宣言文「国連グローバル・コンパクト」で、グリーン経済が重要なテーマとして位置づけられた。

問 10 2015 年、国際連合は「我々の世界を変革する：持続可能な開発のための2030 アジェンダ」を採択し、その中で持続可能な開発目標（SDGs）を掲げた。

答1　○　地球温暖化やオゾン層の破壊などの地球環境問題と、大気汚染やヒートアイランド問題などの地域環境問題と、2つに分けられる。

答2　×　レイチェル・カーソンが発表した書物は、『沈黙の春』である。

答3　×　初の国連主催国際会議で採択されたのは、「人間環境宣言」である。環境問題が人類に対する脅威であり、国際協調して取り組む必要性を明言している。

答4　×　環境の日（世界環境デー）は、6月5日である。日本では、その月の6月を環境月間と定めている。

答5　○　「成長の限界」は人口増加や環境汚染がこのまま進めば、100年以内に地球上の成長は限界に達すると警告している。

答6　○　「我ら共有の未来（Our Common Future）」は、地球規模で環境問題が進行していることを指摘し、その回避のため、持続可能な開発を提唱した。

答7　○　この国際会議は、1992年にブラジルのリオデジャネイロで開催された国連環境開発会議（UNCED）で、別名地球サミットである。

答8　○　MDGsは、国連ミレニアム・サミットで採択された開発分野における国際社会の目標である。

答9　×　リオ＋20で採択された宣言文は、「我々の望む未来」である。

答10　○　2015年以前の共通目標であったMDGsとは異なり、SDGsは途上国、先進国双方に適用され、幅広い分野にわたるものとなっている。

03 環境問題の歴史〈日本〉

問 1 明治時代に、栃木県にある足尾銅山が原因となり渡良瀬川流域で起きた足尾銅山鉱毒事件は、日本の公害の原点といわれるものである。

問 2 高度経済成長期、重化学工業化推進により各地で深刻な被害をもたらした水俣病、イタイイタイ病、川崎病、四日市ぜんそくを、四大公害病という。

問 3 水俣病、新潟水俣病、イタイイタイ病の原因物質は、工場等からの排水に含まれるメチル水銀である。

問 4 富山県神通川流域で発生したイタイイタイ病は、最初の公害病として、国により認定された。

問 5 国家行政機関の再編の一環として、2001 年に環境省が誕生した。

問 6 公害問題に対応するために 1967 年に制定された「公害対策基本法」は、現在も環境行政の基本法として運用されている。

問 7 1970 年前後は環境規制が厳しくなり、ハイブリッド型の公害対策技術が大幅に進み、後に日本は公害対策先進国と称されるようになった。

問 8 公害国会とよばれた 1970 年の国会では、大気汚染や水質汚濁、廃棄物などについて規制を強化し、公害対策基本法から経済との調和条項を削除し、国の姿勢を明確化した。

問 9 2012 年に策定された「第 4 次環境基本計画」では、「安全」がその基盤として確保される社会であると位置づけた。

問 10 放射性物質による環境汚染対応は、従来環境行政の中で扱われてきたが、2011 年の福島第一原発事故を契機に、環境行政から除外されることになった。

答1 ○ 足尾銅山鉱毒事件では、栃木県の足尾銅山から渡良瀬川流域に流出した有害物質（鉱毒ガスなど）が、周辺住民の健康や農業・漁業に被害を与えた。

答2 × 四大公害病とは、水俣病（熊本）、新潟水俣病（新潟）、イタイイタイ病（富山）、四日市ぜんそく（三重）をいう。川崎病は入らない。

答3 × 水俣病と新潟水俣病の原因物質は、メチル水銀（有機水銀）だが、イタイイタイ病は、鉱業所排水に含まれるカドミウムである。

答4 ○ イタイイタイ病は、1955年に岐阜県飛騨市の神岡鉱山から流出したカドミウムが原因となって富山県神通川流域で発生、1968年に公害病として認定された。

答5 ○ 1971年に設置された環境庁を前身として、2001年に省庁再編に伴って環境省が設置された。

答6 × 公害対策基本法は、環境問題の質の変化（公害から地球環境へ）に対応するため、1993年の環境基本法の制定により廃止となった。

答7 × エンドオブパイプ型の公害対策技術である。工場の排気や排水を、その排出口で管理する規制的手段で環境負荷を軽減する。

答8 ○ この国会は1970年末の臨時国会で、14の公害対策関連法が成立した。

答9 ○ 「第4次環境基本計画」では、「安全」を基盤として、低炭素、循環、自然共生の各分野を統合的に達成することで実現する「持続可能な社会」を目指している。

答10 × 環境行政から除外されてはいない。原子力安全規制部門を経産省から分離し、2012年環境省の外局として原子力規制委員会（事務局として原子力規制庁）を設置した。

04 地球サミット
05 持続可能な開発目標（SDGs）

問1 □□ 17 の目標と 169 のターゲットからなる「持続可能な開発目標（SDGs）」は、1992 年に開催された地球サミットで掲げられた。

問2 □□ 地球サミットでは、持続可能な開発を実現していくうえで基本とすべき原則や考え方を盛り込んだ「リオ宣言」が採択された。

問3 □□ 「アジェンダ 21」は、1972 年 6 月、スウェーデンのストックホルムで開催された、国連主催の初の環境問題に関する国際会議で採択された。

問4 □□ 地球サミットでは、先進国及び開発途上国は環境保全重視という観点で意見が一致し、各国が温暖化対策を実施することで足並みがそろった。

問5 □□ 「共通だが差異ある責任」とは、過去に環境負荷をかけ発展した先進国と、これから発展する途上国の間で、環境負荷の責任の大きさの差を認める考え方である。

問6 □□ SDGs は MDGs よりも対象は広く、アジェンダ全体を通して包摂性がある基本理念が貫かれている。この基本理念は、「共通だが差異ある責任」である。

問7 □□ 2010 年に開催された生物多様性条約第 10 回締約国会議で採択された「戦略計画 2011-2020」では、20 の個別目標からなるミレニアム開発目標が掲げられた。

問8 □□ 持続可能な開発目標（SDGs）には、持続可能な社会の重要な要素となっている 5 つの P が掲げられている。

問9 □□ SDGs（持続可能な開発目標）の 5 つの特色のうち、「包摂性」を表す SDGs の重要な基本理念は、「シナジーとトレードオフ」という方針が示されている。

問10 □□ 「ISO26000」は、政府が決定した SDGs 実施のためのアクションプランのこと。2016 年の SDGs 実施指針を受けて策定された。

答1 ×　「我々の世界を変革する：持続可能な開発のための 2030 アジェンダ」の 2030 年までの具体的目標として、2015 年の国連持続可能な開発サミットで掲げられた。

答2 ○　「リオ宣言」は、世界約 180 か国が参加した地球サミットで、持続可能な開発実現のための理念・原則を掲げ、採択された。

答3 ×　「アジェンダ 21」は、持続可能な開発の実現を目指して、各国や国際機関が実施すべき具体的な行動計画で、「地球サミット」（1992 年）で採択された。

答4 ×　環境保全重視の先進国と開発権利を優先させる開発途上国との意見対立があった。経済成長と環境保全に関する国家間の立場の違いが顕著になった。

答5 ○　「共通だが差異ある責任」については、地球サミットで採択された「リオ宣言」第 7 原則に記されている。

答6 ×　アジェンダ全体を通して包摂性がある基本理念は、「誰一人取り残さない」である。

答7 ×　ミレニアム開発目標（MDGs）は、2000 年に国連ミレニアム・サミットで採択された開発分野における国際社会の目標である。極度の貧困と飢餓の撲滅など 2015 年までに達成すべき目標を掲げた。

答8 ○　5 つの P は、People（人間）、Planet（地球）、Prosperity（繁栄）、Partnership（パートナーシップ）と Peace（平和）である。

答9 ×　SDGs の 5 つの特色は、「普遍性」「包摂性」「参画型」「統合性」「透明性・説明責任」で、そのうち「統合性」を表す SDGs の重要な基本理念に「シナジー（同時達成や効果）とトレードオフ（調整）」という方針が示されている。

答10 ×　日本の取り組みとしては、2016 年の実施指針を受けて翌 2017 年、8 つの優先課題と 140 の具体的施策を定めた「SDGs アクションプラン」を決定している。「ISO26000」は、国際標準化機構の社会的責任規格である。

01 生命の誕生と地球の自然環境
02 大気の構成と働き

問1 数千万年から数億年前の植物が、地殻変動等で地中に埋まり、化石化したものが石炭である。

問2 地表と上空、低緯度と高緯度を結ぶ大気の動きが複雑に重なって生じる地球規模の大気の循環のうち、中緯度地域で循環している風を偏西風という。

問3 約6億年前に形成を始めたオゾン層によって、海中でしか生存できなかった生物の陸上進出が可能となった。

問4 現在確認されている海底鉱物資源は、海底熱水鉱床、マンガンクラスト、マンガン団塊、レアアース泥などがある。

問5 約2,000万年前に恐竜等が絶滅し、約800万〜400万年前に人間の祖先がアフリカに登場、約20万年前にホモサピエンスが登場したと考えられている。

問6 大気圏は3つの層から構成されている。地表から高度約10kmまでは対流圏と呼ばれ、対流圏の上層には成層圏があり、さらに上層には熱圏がある。

問7 温室効果ガスは、地表の赤外線の一部を吸収し、再び地表に向けて熱線を放射して地球を暖める働きをする気体の総称である。

問8 近年、日本では中国大陸内陸部から偏西風に乗り、黄砂やPM2.5が飛来し、呼吸器系の疾患などの健康被害も出ている。

問9 対流圏では、日射や水蒸気含有量の違いで、大気の流れや降雨現象が起こる。これらは、台風や集中豪雨による災害発生のみに影響している。

問10 太陽光を受け地表が暖められ、地表から宇宙に放出される赤外線の一部を大気中のCO_2が吸収、熱として大気に蓄積、再び地表へ戻す働きを熱塩循環という。

答1
○

この頃にできたものは化石燃料といい、石炭のほかに、石油や天然ガスなどもそうである。

答2
○

地球規模の大気の循環によって生じる風の流れは、低緯度で貿易風、中緯度で偏西風、高緯度では極偏東風といわれる。

答3
○

オゾン層には生物に有害な紫外線を吸収する働きがある。

答4
○

海底鉱物資源は、海底熱水鉱床、マンガンクラスト（コバルトリッチクラスト）、マンガン団塊、レアアース泥のほかに、海底石油ガス、ガスハイドレートなどもある。

答5
×

恐竜等が絶滅したのは、約6,500万年前であり、その後哺乳類の時代が始まった。

答6
×

大気圏は4つの層から構成されており、地表の近くから、対流圏、成層圏、中間圏、熱圏となっている。

答7
○

温室効果ガス（GHG）には、二酸化炭素、メタン、一酸化二窒素などがある。

答8
○

黄砂は、中国大陸内陸部の土壌や鉱物粒子が数千mの高度まで巻き上げられ日本に飛来する黄色い砂じんで、PM2.5は、粒径 2.5 μm 以下の超微粒子である。

答9
×

台風や集中豪雨による災害発生のほか、汚染物質の移動にも大きく影響を及ぼすことがある。

答10
×

これは温室効果のことである。熱塩（深層）循環は、海域ごとの温度や塩分濃度の差異によって生じる、海水の循環である。

03 水の循環と海洋の働き

問 1 地球上の水は、淡水が約 30 ％で残りの約 70 ％が海水である。

問 2 地下水は滞留期間が短く、地下水の世界の平均滞留期間はわずか 60 日足らずで、水は地下に浸透しても短い期間で表流水に姿を変える。

問 3 親潮、黒潮は、海洋の深層を循環している。

問 4 赤道大西洋から極域に向かう表層海流が北極周辺で深海底に沈み、千年以上かけて世界中の深海底を巡り、再び北極周辺まで戻る海流の流れを深層循環という。

問 5 塩分濃度の違いが原因で発生している海洋の深層循環は、その性質から熱塩循環とも呼ばれる。

問 6 熱帯多雨林は多くの生物が生息し、生物資源、遺伝子資源の宝庫であり、地球規模で酸素の供給や炭素の蓄積を行ってきたことから生物ポンプと呼ばれている。

問 7 海は、二酸化炭素（CO_2）を吸収・貯蔵することはない。

問 8 大気中の CO_2 濃度が上昇すると、より多くの CO_2 が海水に吸収されて、海洋のアルカリ化が引き起こされる。

問 9 太平洋赤道域の日付変更線付近からペルー沿岸にかけての広い海域で、海面水温が平年に比べ低くなる現象をエルニーニョ現象という。

問 10 ラニーニャ現象やエルニーニョ現象が起きれば、気象は安定する。

答1
×
地球上の水の 97.5 %は海水であり、人間を含む生物が利用できる淡水はわずか 2.5 %しかない。

答2
×
地下水の世界の平均滞留期間は、約 600 年といわれている。

答3
×
親潮、黒潮、北大西洋海流は、大気境界層の風との摩擦により動く海面表層部の循環である。海洋の生態系や、周辺域の気候に大きな影響を与えている。

答4
○
深層循環は、地球の気候にも大きな影響を与えていると考えられている。

答5
○
海洋の深層部で起きるので深層循環と呼ぶが、水温（熱）と塩分（塩）による海域ごとの海水密度の違いから発生するその性質から熱塩循環とも呼ばれる。

答6
×
生物ポンプではなく、地球の肺である。海洋生物が二酸化炭素（CO_2）を堆積・貯蔵する過程を生物ポンプという。

答7
×
海の表層では大量の CO_2 が海水に溶け込み、生物ポンプによって海の深層に貯蔵される。大気の CO_2 濃度を安定させる重要なメカニズムである。

答8
×
より多くの CO_2 が海水に吸収されると、海洋の酸性化が引き起こされる。

答9
×
海面水温が、平年より低いのはラニーニャ現象、平年より高いのがエルニーニョ現象である。

答10
×
どちらも異常気象の原因と考えられている。

➡公式テキスト P.42 〜 43

04 森林と土壌の働き

問1 炭酸同化作用とは、生物が酸素を取り込んで、有機物をつくる代謝反応である。

問2 落ち葉に覆われた厚い土壌に雨水が蓄えられていることを、緑のダムと呼ぶ。

問3 森林の樹木と土壌が一体となって、降雨を貯めその流出を調節している機能をビオトープという。

問4 国土が南北に長い日本は各地の寒暖差が大きく、多雨林、照葉樹林、夏緑樹林（落葉広葉樹林）、針葉樹林などそれぞれの気候に適応した多様な森林がみられる。

問5 熱帯林は、気温と降水量などの影響により、熱帯多雨林、熱帯モンスーン林、マングローブ林の3つに分類されている。

問6 マングローブ林は、大きな川の河口など海水と淡水が入り混じる沿岸に生育する林で、森林と海の生態系が共存し、林内には魚などが豊富に生息している。

問7 熱帯モンスーン林は、乾期と雨期がある地域に広く分布し、タイ、マレーシアなど東南アジアにみられる。

問8 熱帯多雨林には多様な生物が生息し、生物資源、遺伝子資源の宝庫である。また、地球規模で大量の酸素の供給や炭素の蓄積を行っており、森林蓄積といわれている。

問9 地球上の森林面積は陸地面積の約31％であるのに対し、日本の森林面積は、国土面積の66％もあり、日本は世界でも有数の森林国である。

問10 土壌生物は、土壌中の枯れ葉や動物の死骸などを、植物の生長に必要な無機物に分解する。

答1　**×**　炭酸同化作用は、生物が二酸化炭素を取り込んで有機物をつくる代謝反応である。植物における光合成などがある。

答2　**○**　緑のダムでは、肥沃な土壌の流出を防ぎ、落葉に覆われた厚い土壌が雨水を蓄え、わたしたちに水を供給する。

答3　**×**　森林の、雨水の貯蔵と流出調整の機能は、水源涵養機能である。

答4　**○**　設問のとおりである。日本の多様な森林の保全と活用を推進するため「美しい森林づくり推進国民運動」などの積極的な活動が数多く行われている。

答5　**×**　熱帯林は、熱帯多雨林、熱帯モンスーン林、マングローブ林、熱帯サバンナ林の4つに分類されている。

答6　**○**　海水と淡水が入り混じり、森林と海の2つの生態系が共存する特徴がある熱帯林が、マングローブ林である。多様な生物が生息している。

答7　**○**　設問のとおりである。乾期に落葉する広葉樹林が主である。

答8　**×**　熱帯多雨林は、地球の肺といわれている。森林蓄積とは、森林を構成する樹木の幹の体積のことである。

答9　**○**　地球上の森林面積は約40.6億haで、陸地面積の約31％に相当し、日本の森林面積は約2,500万haで、国土面積の66％を占める。森林は、人間の活動などによって減少傾向にある。

答10　**○**　ミミズなど土壌生物は、枯れ葉や死骸などの有機物を、植物の生長に必要な窒素やリンなどの無機物に分解する。

05 生物を育む生態系

問1 生態系は、自浄作用や自己調節機能など自らを復元する力を持っている。

問2 生態系は、無機物から有機物をつくる「生産者」と、他の生物から栄養分を得る「消費者」の2種の生物を繁殖させることで維持されている。

問3 野生生物の生息地を森林、緑地、水系などでつなぐ食物連鎖は、生物多様性保全に有効である。

問4 動植物の排泄物や遺骸などの有機物が、微生物によって無機物に分解されることを、腐食連鎖という。

問5 種間競争は、種の間での生存競争であり、競争における「棲み分け」の例として、同じ川でイワナが上流部にすみ、ヤマメが下流部にすむことがあげられる。

問6 環境中に放出された化学物質はごく微量でも、「食べる〜食べられる」の関係で各段階を経るごとに生物の体内での蓄積量が増加する。

問7 生態系では、食べられる生物は食べる生物より多く生息しており、その量的関係を図で表したもののことを生態系ネットワークという。

問8 生態系ピラミッドで上位になるほど生息数が少なくなることを、生物濃縮という。

問9 生物濃縮による人間への影響としては、魚介類に有機水銀が蓄積されたものを人間が食べたことによる水俣病の例がある。

問10 アリとアブラムシのように、異なる種の生物がお互いの生活を助け合っている関係を、相利共生という。

答1 ○　生態系は自浄作用や自己調節機能を持っている。しかし、そのシステムは複雑で、大きく破壊された生態系を復元する場合は困難である。

答2 ○　設問のとおりである。生産者は光合成を行い、自分で栄養分をつくる生物である。

答3 ×　食物連鎖とは、生物同士における「食べる～食べられる」の一連の捕食被食関係のことである。

答4 ○　設問のとおりである。地球上が廃棄物だらけにならないという大切な働きである。

答5 ○　設問のとおりである。近年、在来種と外来種の種間競争が問題になっている。

答6 ○　環境中に放出された化学物質は、気づかないうちに広範囲にわたり、生態系や人の健康に影響を与えている。

答7 ×　生態系の量的関係を図で表したものは、生態系ピラミッドである。

答8 ×　環境中に放出された化学物質が食物連鎖の各段階を経るごとに蓄積量が増加することを、生物濃縮という。

答9 ○　環境放出された化学物質はごく微量でも、食物連鎖の各段階で蓄積量が増加していくことを生物濃縮といい、人間への影響として水俣病の例がある。

答10 ○　相利共生とは互いの利益となる共生のことで、一方だけが利益を得る関係は片利共生という。

→公式テキスト P.46 〜 51

06 人口問題と食料需給
07 資源と環境 (1)

問1
□□ 1994年、国際人口開発会議（ICPD）で、人口問題に取り組む世界人口行動計画が採択された。

問2
□□ 里地里山において、生物多様性を維持する能力のことを環境収容力という。

問3
□□ 日本において地方人口は、2010年以降、8,500万人前後で安定的に推移するとみられている。

問4
□□ 米国サブプライムローン問題などの影響を受け、2009年には世界的な経済危機となり、各国でこれを環境関連投資などによって乗り切ろうとするグリーンプロジェクトへと向かう動きがみられた。

問5
□□ デカップリングとは、例えば経済成長を実現しつつ、CO_2排出量を減少させることなどをいう。

問6
□□ 帯水層は、粘土などの水が流れにくい地層に挟まれた、砂や礫からなる多孔質浸透性の地層で、地下水が蓄えられている。

問7
□□ 2020年の世界の漁船漁業生産量（漁船を用いた漁業による生産量）は、先進国では横ばいから減少傾向だが、中国などアジアの新興国では増大している。

問8
□□ 農林水産省による国内農林水産物の消費拡大を目的とした運動は、グッドインサイドマークである。

問9
□□ 地域で採れたものを地域で消費することを旬産旬消という。

問10
□□ 世界の人口は、現在80億人以上になっているが、人口増加率は世界全体で徐々に鈍化しており、今後100億人に達することはないと推計されている。

答1 ○　国際人口開発会議は、1994年にカイロで開催、1974年ブカレストの世界人口会議で採択された世界人口行動計画について、新たな行動計画を策定している。

答2 ×　環境収容力は、自然の浄化能力を基準に、一定地域における大気や水質の汚染物質の許容量のことである。また、生態系を破壊することなく保持できる最大個体数、最大種類数、最大収量などを指す。

答3 ×　2010年以降、都市人口は8,500万人前後で安定的に推移し、地方人口は大きく減少すると予測されている。

答4 ×　環境分野への集中・大型投資で、地球温暖化防止と経済成長の両立を目指す政策をグリーンニューディールという。米国のオバマ大統領（当時）が、当選直後の2008年に打ち出した。

答5 ○　経済成長の伸びに比べて、汚染物質の排出量や、資源利用量の増加を抑えたり減少させたりすることを、デカップリングという。

答6 ○　地下水が蓄えられている地層を帯水層という。水資源の供給面での制約として砂漠化の進行や帯水層の縮小などがある。

答7 ○　2020年、漁船漁業生産量は先進国で横ばいから減少傾向、新興国で増大している。一方、養殖業生産量は急増している。

答8 ×　FOOD ACTION NIPPON運動の内容である。食料自給率向上を目指した運動で、5つのアクションが掲げられている。

答9 ×　地域で採れた農産物や水産物をその地域で消費するのは、地産地消である。旬産旬消は、旬の食材を旬の時期に消費すること。

答10 ×　2058年に約100億人、2080年には約104億人でピークに達すると見込まれている。なお、2030年代半ばには、インドなどのアジア地域も減少に転じると予想されている。

07 資源と環境 (2)
08 貧困や格差

問1 金属資源は採掘できる量に限りがあり、現在確認されている採掘可能な鉱山の埋蔵量（地下資源）と、今までに採掘した資源の量（地上資源）を比較すると、金や銀は地下資源よりも地上資源のほうが少ないと推計されている。

問2 石油の可採年数は 113 年である。

問3 隠れたフローとは、携帯電話、ゲーム機などの小型家電製品に、含まれる金、銀などの貴金属やレアメタルが、廃棄物の中に隠れているという意味である。

問4 携帯電話やスマートフォン、デジカメ、ゲーム機などの小型家電製品に含まれる貴金属やレアメタルが、都市で大量に排出されることを、都市鉱山と呼ぶ。

問5 家電リサイクル法対象外の携帯電話やゲーム機など小型家電製品に含まれるレアメタル資源の安定確保の流れを受けて、2013 年、資源有効利用促進法が施行された。

問6 ジニ係数とは、人間の活動の規模を土地や海洋の面積で表して、人間の活動がどれほど自然環境に負荷を与えているかをわかりやすく伝える指標である。

問7 経済成長と、これによって生じる環境への負荷増加を切り離すことを、グリーンニューディールという。

問8 持続可能な社会の実現のため生活の質を評価する必要性があり、OECD は、所得、雇用、教育と技能など 11 項目の「より良い暮らし指標」を設定した。

問9 世界の所得を人口の 5 分割で示すと、世界人口の上位 2 割の人々が世界の所得（富）のおよそ半分を得ていることがわかる。

問10 貧困撲滅は国際的に重視される問題であり、1992 年の人間環境宣言で、貧困の撲滅を持続可能な開発に必要不可欠なものとして位置づけた。

答1 ✕ 金や銀は、すでに地下資源よりも地上資源のほうが多いと推計されている。なお、日本では金属資源のほぼ全量を海外の鉱山に頼っている。

答2 ✕ 石油の可採年数は46年である。今後、資源やエネルギーは有限であるとの認識をもっていかなければならない。

答3 ✕ 隠れたフローとは、資源採取等にともない目的の資源以外に採取・採掘されるか、廃棄物などとして排出される物質のこと。金の採掘で出る鉱石や土などがその例。

答4 ○ 金、銀などの貴金属やレアメタルが含まれている小型家電製品は、都市で大量に排出され、都市鉱山と呼ばれている。なお、レアメタルは、特定の資源国に偏って存在しているため、資源の安定確保が重要な課題となっている。

答5 ✕ 小型家電製品に含まれる貴金属やレアメタルといった有用な資源を確保するため2013年、小型家電リサイクル法が施行された。

答6 ✕ ジニ係数は、所得分配の不平等の度合いを表す指標である。0から1の間の数値で示され、0は完全な平等状態を、1に近いほど格差が大きいことを示す。

答7 ✕ 設問の内容は、デカップリングである。グリーンニューディールは、環境分野への集中・大型投資で、環境と経済の両方の危機を解決していく政策のことである。

答8 ○ 経済協力開発機構（OECD）は、レポート「How's Life?」で、11項目の「より良い暮らし指標」を設定した。

答9 ✕ 貧困は環境問題の大きな原因である。世界の総所得の80％以上を、世界人口の上位2割の人々が占有する格差構造が問題となっている。

答10 ✕ 1992年のリオ宣言で、貧困の撲滅を持続可能な開発に必要不可欠なものとして位置づけた。

01 地球温暖化の科学的側面

問1 □□ 地球温暖化の主な原因は、オゾン層が破壊されることにより太陽の光線がより強く地球上に照射され、地球の温度が上昇することである。

問2 □□ 温室効果ガス（GHG）が地球温暖化に影響する度合いを表した数値を、CO_2換算という。

問3 □□ IPCCは2014年の第5次評価報告書で、二酸化炭素の排出量と世界平均地上気温の上昇量はほぼ比例関係にあることが明らかになったとしている。

問4 □□ 温室効果ガス（GHG）を完全に取り除いてしまえば、地球温暖化を防ぎ生き物は快適に生活できる。

問5 □□ 温室効果ガス（GHG）とは、二酸化炭素（CO_2）とメタン（CH_4）のことである。

問6 □□ フロン類は温室効果ガスの1つで、家畜の消化管内での発酵や廃棄物の埋め立てなどからも発生する。一方で、バイオマス発電の原材料として注目されている。

問7 □□ CO_2に次いで濃度が高いGHGであるメタンは、産業革命前は0.72 ppm、2020年は1.89 ppmと2.5倍以上に濃度が上昇している。

問8 □□ 暖められた地表から宇宙に逃げていく赤外線の一部が温室効果ガスに吸収され、熱として大気に蓄積されることをヒートポンプという。

問9 □□ 温室効果ガス（GHG）には種類があるが、温室効果に影響する度合いを示す地球温暖化係数は同じである。

問10 □□ 2014年公表のIPCCの第5次評価報告書では、気温上昇が続いても、北極や南極を除き極端な気象現象や生態系への深刻な影響はないだろうと評価している。

答1 ✗ 地球温暖化とは、大気中の温室効果ガス（GHG）の濃度が高くなることにより地球表面近くの温度が上昇することをいう。

答2 ✗ GHG が地球温暖化に影響する度合いを、CO_2 を1として比較して表した数値を、地球温暖化係数（GWP：Global Warming Potential）という。

答3 ○ 気候変動に関する政府間パネル（IPCC）は、第5次評価報告書で、「二酸化炭素の累積排出量と世界平均地上気温の上昇量はほぼ比例関係にある」と報告した。

答4 ✗ GHG が全くないと、地表の平均気温は氷点下 18℃になると計算されている。GHG が適度にあることで、生き物にとって快適な気温に保たれている。

答5 ✗ GHG には、二酸化炭素（CO_2）、メタン（CH_4）の他に、一酸化二窒素（N_2O）、フロン類などがある。

答6 ✗ フロン類も温室効果ガスの1つであるが、バイオマス発電の燃料としても注目されているのは、メタンである。

答7 ○ 約 250 年前の産業革命を契機に人為的影響は環境の復元能力を超え、その結果、メタンの濃度は産業革命前に比べて 2.5 倍以上になっている。

答8 ✗ 温室効果である。太陽光で地表が暖められ、地表から宇宙へ放出される赤外線の一部を大気中の CO_2 が吸収、再び地表へ戻して地球表面の温度を上げる働き。

答9 ✗ GHG には種類があり、それぞれ温室効果に影響する度合いが異なる。二酸化炭素を1とすると、メタンは約 25 倍、フロン類は数千～数万倍となる。

答10 ✗ 気温上昇を工業化以前に比べ 2℃未満に抑えるためには、温室効果ガスの排出量を大幅に削減し、今世紀末にはほぼゼロにする必要があると指摘している。

② 地球温暖化──緩和策と適応策

問1 温室効果ガスの排出を削減したり、森林保全対策等による温室効果ガスの吸収を促進したりするのは、緩和策である。

問2 地球温暖化による被害を抑えるためには、緩和策と同時に順化策にも力を注がなければならない。

問3 適応策の重要な要素として、省エネ機器の普及など省エネルギーの強化が挙げられる。

問4 レジリエンスとは、抵抗力、回復力や復元力、弾力性や柔軟性を表す言葉である。

問5 「高温耐性の水稲・果樹の品種改良」は、緩和策である。

問6 緩和策では、地球温暖化に対する脆弱性を把握し、地域特性に合った対策を進めてレジリエンスを増加させることが重要である。

問7 化石燃料の燃焼などで発生する CO_2 を分離・回収し、地中への炭素貯留や海洋の酸素吸収能力利用により大気から隔離する技術は、カーボンオフセットという。

問8 気候変動によるリスクは完全には抑制できない可能性があるため、特に先進国で適応能力の向上が緊急課題である。

問9 夏に多く発生する熱中症予防の普及啓発や、感染症を媒介する蚊の発生防止と駆除は、温暖化による被害を抑えるための健康面での適応策である。

問10 日本国内では、2018年6月に気候変動適応法が公布され、同年11月、気候変動適応計画が閣議決定した。

答1 ○　地球温暖化対策の大きな柱は、温室効果ガスの排出を削減したり、森林保全対策等による温室効果ガスの吸収を促進したりする緩和策（mitigation）である。

答2 ×　緩和策と適応策（adaptation）である。例えば、農業では高温に耐性のある稲や果樹の品種開発などの取り組みが、緊急課題になっている。

答3 ×　省エネルギーは、温室効果ガスの排出削減につながる緩和策の代表例である。

答4 ○　環境分野におけるレジリエンスとは、自然災害や気候変動のリスクによる悪影響に対し、防護力や抵抗力、災害からの回復力があるという意味で使われる。

答5 ×　「高温耐性の水稲・果樹の品種改良」は、適応策である。

答6 ×　緩和策ではない。レジリエンスは、さまざまな変化や異変による被害を抑えるための適応策が求められる。

答7 ×　化石燃料の燃焼などで発生する CO_2 を大気から隔離する技術は、排出された CO_2 の回収・貯留（CCS：Carbon Capture and Storage）である。

答8 ×　気候変動によるリスクは、特に、気候変動の影響が早い時期に顕在化する途上国で、被害をできるだけ小さくする適応能力の向上が緊急課題である。

答9 ○　適応策のうち健康面では、熱中症の予防の普及啓発や、感染症を媒介する蚊の発生防止と駆除などがある。

答10 ○　2018年6月公布された気候変動適応法は、気候変動適応を推進し、現在および将来の国民の健康で文化的な生活の確保に寄与することを目的とする。

03 地球温暖化問題に関する国際的な取り組み

問1 1992年、リオデジャネイロにて環境と開発に関する国連会議で採択されたのは、国連気候変動枠組条約（UNFCCC）である。

問2 京都議定書はオゾン層を保護するための国際的な枠組みで、オゾン層破壊物質の全廃スケジュールなどが定められている。

問3 クリーン開発メカニズム（CDM）とは、先進国が途上国で温室効果ガス対策を行い、その結果削減された量を先進国の削減量として計上できる事業のことである。

問4 2012年、再生可能エネルギーによる発電の推進のため京都メカニズムが導入された。

問5 2010年の国連気候変動枠組条約締約国会議（COP16）で、2013年以降の温室効果ガス排出削減について決定された国際的な枠組みはカンクン合意である。

問6 パリ協定は、温室効果ガスの削減目標を先進国ごとに設定した京都議定書とは異なり、各国が自主的に緩和に関する約束を達成するための国内対策を実施する。

問7 2015年に採択された気候変動問題に関する2020年以降の取り組みについての国際取り決めであり、先進国、途上国を問わず、守るべき約束を公表することとしているのは、京都議定書である。

問8 パリ協定において、国連環境計画（UNEP）の報告書は、各国が現在約束している削減目標を足し合わせると、2℃目標が十分達成できるとしている。

問9 2015年に日本が自主的に決定する約束の草案（INDC）で掲げたGHG削減目標は、2030年度までに2013年度比26.0％削減（2005年度比25.4％削減）である。

問10 ギガトンギャップとは、経済成長の伸びに比べて、汚染物質の排出量や資源利用量の増加を抑えたり、減少させたりすることである。

答1 ○ 設問のとおりである。UNFCCC は、その後 1994 年に発効した。

答2 × 1997 年に採択された京都議定書は、温室効果ガスの削減に関する国際的な枠組みで、先進国に対して法的な拘束力を持った数値目標を設定した。

答3 ○ クリーン開発メカニズムは京都議定書に定められた制度で、京都議定書で義務を負う国が途上国で排出抑制対策を実施した場合に、取得した売買可能な排出権を自国の削減義務に使用できる。

答4 × 京都メカニズムとは、他国での温室効果ガス削減を自国での削減に換算できる仕組みや、排出量取引からなる。

答5 ○ カンクン合意は、2010 年メキシコのカンクンで開催された COP16 での合意文書。2050 年までの世界規模の大幅排出量削減などを共通のビジョンとした。

答6 ○ 設問のとおりである。なお、2020 年 11 月に米国がパリ協定を離脱したが、その後、2021 年 2 月には復帰した。

答7 × 設問の内容は、パリ協定である。京都議定書は、先進国に対して GHG 削減の数値目標を国ごとに設定した。

答8 × 各国が現在約束している削減目標を足し合わせても、60 億〜110 億 t 程度の不足があり、達成は難しいとされている。

答9 ○ 設問のとおりである。後の 2021 年に日本は、2030 年度において GHG を 2013 年度比 46%削減を目指す、とした NDCs（国別約束）を決定・表明した。

答10 × ギガトンギャップとは、パリ協定にある 2 ℃目標の達成に GHG 削減量が十分ではないことで、不足分は 60 億〜110 億 $t-CO_2$ 程度になるといわれている。

04 日本の温暖化対策（国の制度）

問1 日本の温室効果ガスの排出量は、2009年度のリーマンショック以降、現在まで増加傾向が続いている。

問2 算定・報告・公表制度とは、温室効果ガスを一定以上排出する特定排出者に、その排出量を自ら国に報告することを義務づけるものである。

問3 国別登録簿（レジストリ）は、日本の植生や野生生物の分布など生物多様性に関する情報を収集し、とりまとめている調査のことである。

問4 金融のグリーン化とは、炭素税の導入や自動車税の税率変更など、環境への負荷の低減に資するための税制の見直しのことである。

問5 低炭素社会は、「カーボン・ミニマムの実現」「豊かさを実感できる簡素な暮らし」「自然との共生」という基本概念に基づく取り組みによってその実現を図っていくことが重要である。

問6 CO_2の排出量に価格づけを行うことを、カーボンフットプリントという。日本でも「地球温暖化対策のための税」で一部導入されている。

問7 自らの努力で削減できなかった排出量を、その量に見合った温室効果ガス排出削減活動への投資などを通じて埋め合わせることをカーボンオフセットという。

問8 行政機関が政策を立案して決定する際に、あらかじめその案を公表し、広く国民から意見情報を募集する手続きを、排出量取引制度という。

問9 パリ協定では、各国のGHGの排出削減目標を策定して提出するように求めており、日本は、2030年度までに2013年度比で16％削減を目標として提出した。

問10 金融のグリーン化として、企業の環境面への配慮を投資判断の要件に加えるグリーンボンドやレジストリの発行の推進は重要である。

答1 ✕ 日本の温室効果ガス（GHG）の排出量は、2010年度から2013年度までは増加していたが、2014年度以降は減少傾向である。

答2 ○ 地球温暖化対策推進法に基づき、温室効果ガスを一定以上排出する特定排出者に自らその排出量を算定し国に報告することを義務づける制度である。

答3 ✕ 国別登録簿（レジストリ）は、京都議定書の京都メカニズムを活用するため、炭素クレジットを管理するために設置されたものである。

答4 ✕ 設問の内容は、税制のグリーン化のことである。金融のグリーン化は、環境に優しい企業が金融的に優遇される仕組みである。

答5 ○ 設問のとおりである。二酸化炭素の排出を最小化（カーボン・ミニマム）するための配慮が徹底される社会システムの形成が鍵となる。

答6 ✕ 設問の内容は、カーボンプライシングである。カーボンフットプリントは、商品のライフサイクル全体で排出される温室効果ガスを CO_2 に換算して製品などにラベルで表示し、製品の環境負荷を見える化する仕組みのことである。

答7 ○ 設問のとおりである。温室効果ガス削減活動への投資のほか、クレジットの購入なども行われている。

答8 ✕ 設問の内容は、パブリックコメントである。政策形成過程への市民参加のための制度の1つとされている。

答9 ✕ パリ協定で日本は、2030年度までに2013年度比で26％削減することを目標として提出した。なお、後のグラスゴー気候合意では、削減目標を46％に引き上げた。

答10 ✕ 企業の環境面への配慮を投資判断の要件に加えるグリーンボンドの発行やESG投資の推進が重要である。レジストリとは国別登録簿のことである。

05 地方自治体・国民運動の展開（1）

問1 夏に軽装でエアコン設定を適温にし、電力使用による CO_2 削減を推進するビジネススタイルのことを COOL CHOICE（クールチョイス）という。

問2 環境問題の解決を基本とした企業戦略でブランド力を築くことをソーシャルビジネスという。

問3 スマートシティとは、IT や環境技術など先端技術を駆使し、都市のエネルギー利用の効率化、人やものの流れの効率化、省資源や環境配慮型の物理的・社会的基盤を整えた都市である。

問4 国が低炭素化の促進の基本方針を制定し、市町村によるインフラ整備や社会の仕組みづくりを通じて都市の低炭素化を促進する法律は、建築物省エネ法である。

問5 エコまち法では、都市での生活や経済活動に起因して排出される水質汚濁物質を、街づくりによって削減しようとする取り組みを推進している。

問6 RE100 は、パリ協定の 2℃目標と整合し、温室効果ガス削減目標を科学的に設定した取り組みである。

問7 環境に配慮した商品やサービスを選ぶことの相談、助言などを行うのは、地球温暖化防止活動推進員制度の活動推進員である。

問8 介護・福祉、環境、子育て・教育におけるさまざまな社会的課題を市場として捉え、その解決を目的とする事業をグリーンボンドという。

問9 COOL CHOICE は、CO_2 削減目標達成のために、省エネ・低炭素型の製品・サービス・行動など「賢い選択」を促す国民運動である。

問10 近年の地球温暖化対策の国民運動展開としては、COOL CHOICE のほか、行動経済学の知見を活かしたナッジによる行動変容などがある。

答1 ✕ 設問はクールビズである。クールチョイスは、GHG の排出量削減のために、脱炭素社会づくりに貢献する「製品への買換え」「サービスの利用」「ライフスタイルの選択」など、生活の中で賢い選択をしていく取り組みである。

答2 ✕ 環境問題の解決を基本とした企業戦略でブランド力を築くことは、エコブランディングという。

答3 ○ 設問のとおりである。自治体と企業・市民が連携し、利便性や防災性を考慮したスマートシティの開発が、横浜市、豊田市、北九州市などで進められている。

答4 ✕ 設問の法律は、エコまち法である。建築物省エネ法は、建築物の省エネ性能の向上を図る対策の抜本的な強化や、建築物の木材利用の促進などを講じるものである。

答5 ✕ エコまち法では、街づくりによって二酸化炭素を削減する取り組みを推進している。

答6 ✕ 設問の内容は、SBT（Science Based Targets）である。RE100 は、使用する電力を 100％再生可能エネルギーで調達することを目標にすることである。

答7 ✕ 地球温暖化防止活動推進員制度の活動推進員は、地球温暖化対策の重要性を地域に説明し、GHG 削減について調査及び助言を行う。

答8 ✕ グリーンボンドとは、企業や地方自治体が、国内外のグリーンプロジェクトに要する資金を調達するために発行する債券である。

答9 ○ 温室効果ガスの排出量を削減する目標達成のため、温暖化対策に資するあらゆる「賢い選択」を促す国民運動である。

答10 ○ ナッジとは、近年の行動経済学で、情報を与えて消費者を行動へと導く手法である。例として、アプリゲームで徒歩移動を促すことなどがある。

05 地方自治体・国民運動の展開 (2)

問1 □□　CO_2排出量が少なく、安定した気候の下での豊かで持続可能な社会を低炭素社会という。

問2 □□　経済成長の伸びに比べて、汚染物質の排出量や資源利用量の増加を抑えたり減少させたりすることを、バックキャスティングという。

問3 □□　パリ協定の発効をきっかけに、国際社会・国際経済は脱炭素化に向けての動きを加速している。例えば、脱炭素をビジネスとする動きや、金融市場の拡大がある。

問4 □□　脱炭素化対策の1つは、炭素生産性の削減である。

問5 □□　国際社会、国際経済が持続可能な社会構築に向けて、金融市場において持続可能性を優先する動きのことを ESG 投資という。

問6 □□　炭素生産性とは、GDP ／エネルギー使用量のことである。

問7 □□　JCCCA は、二国間クレジット制度のことである。

問8 □□　温室効果ガスの大半を占める CO_2 排出に深く関わるエネルギーのあり方を、脱炭素社会構築の観点から大きく見直す必要がある。

問9 □□　2050 年の GHG 排出量を実質ゼロにすることを表明した地方自治体を、コンパクトシティという。

問10 □□　国際社会、国際経済が脱炭素化に向けて、金融市場において地球温暖化対策分野を優先する動きのことを J-クレジット制度という。

答1 ○ 低炭素社会への移行のためには、技術、社会システム、ライフスタイルを含めた社会構造全体を新しく作り直していくような取り組みが重要である。

答2 × バックキャスティングは、将来のあるべき姿を想定し、そこに至る道筋を立てて、現在から順次どのような対策が必要か検討していく方法。

答3 ○ パリ協定の2℃目標を達成するためには、低炭素をより一層進め、GHG の排出量が実質ゼロの脱炭素社会の実現が望まれる。

答4 × 脱炭素化対策として、産業・社会構造の脱炭素への転換、エネルギー効率の向上、そして供給エネルギーの見直しがある。

答5 ○ 設問のとおりである。ESG 投資とは、環境（environment）、社会（social）、企業統治（governance）を考慮した投資方法である。

答6 × 炭素生産性とは、GDP ／ CO_2 排出量のことである。GDP ／エネルギー使用量は、エネルギー生産性である。

答7 × 全国地球温暖化防止活動推進センター（JCCCA）は、地球温暖化対策推進法に基づき 2010 年に設立され、全都道府県に地域センターを持ち温暖化防止対策を推進している。

答8 ○ 脱炭素化に向けての3つの基本の見直しが必要といえる。

答9 × 設問はゼロカーボンシティのことである。2023 年 3 月現在 934 の地方自治体が表明している。

答10 × 設問の内容は、ESG 投資である。J-クレジット制度とは、GHG の排出削減量や吸収量を、国がクレジットとして認証する制度。

06 エネルギーと環境の関わり

問1 エネルギーの利用について人類の歴史を振り返ると、18世紀半ばの産業革命によって石炭の利用が増加、その後、19〜20世紀の工業化段階で石油の時代へと突入した。

問2 火力発電、原子力発電、バイオマス発電の大規模な発電所から排出される温排水は、周辺の海水温を上昇させる。

問3 シャドーフリッカーとは、風力発電機の回転する羽根によって起こる光の明滅により近隣住民が不快感を覚える現象で、健康に影響が出る場合もある。

問4 シェールオイル・ガスの採掘に、化学物質を含む大量の水を地下に送り込むので、水質汚染が心配されている。

問5 石炭ガス化複合発電（IGCC）は、石炭をガス化し、コンバインドサイクル発電と組み合わせることにより、従来型石炭火力に比べて高効率な発電システムである。

問6 エネルギーの生産から消費までは、「一次エネルギーへの転換」「二次エネルギーの採取・輸送・廃棄」「最終消費」という3段階になっている。

問7 化石エネルギーは、自然環境の中で枯渇しないエネルギーであり、太陽光、風力、水力、地熱、地中熱などがある。

問8 一次エネルギーを人間が利用しやすい形にして、最終用途に適合させることを、エネルギー転換と呼ぶ。

問9 ガソリンは、二次エネルギーである。

問10 光化学スモッグとは、都市化に伴う象徴的な問題として都市部の気温が高まる現象である。

答1 ○ 設問のとおりである。石油の時代の後には、天然ガスや原子力が活用されるようになった。

答2 ○ 大規模の発電所から排出される温排水は、周辺の海水温を上昇させるため、生態系への影響が懸念される。

答3 ○ 風力発電では、ブレードやタービン部による低周波振動や回転により起こる光の明滅(シャドーフリッカー)で、近隣住民の健康に影響が出る場合もある。

答4 ○ シェールオイル・ガスは非在来型天然ガスの種類の1つで、北米、中国、アルゼンチン、アルジェリア、ロシアなどに多くのシェールオイル・ガス資源が存在する。特に米国における増産が顕著である。

答5 ○ 設問のとおりである。コンバインドサイクル発電は、ガスタービンと蒸気タービンを組み合わせて発電する方法である。

答6 × 一次エネルギーの採取・輸送・廃棄、二次エネルギーへの転換の段階をへて、最終的に産業・業務・家庭・運輸部門で消費される。

答7 × 化石エネルギーとは、化石燃料(石炭、石油、天然ガスなど)を利用して得られるエネルギーのことである。

答8 ○ 石油、石炭、天然ガスなどの一次エネルギーを、電力、燃料油などにエネルギー転換して、人間が利用しやすい形にする。

答9 ○ エネルギー転換の代表例として発電や石油精製があり、二次エネルギーとは、このエネルギー転換によって得られた電気やガソリンなどを指す。

答10 × 光化学スモッグは光化学オキシダント(主にオゾン)という大気汚染物質により発生するスモッグで、刺激性が強く、目やのどの痛みなどの被害が起こる。

07 エネルギーの動向
08 日本のエネルギー政策

問1 1990年代以降エネルギー政策は、3E（経済効率性、安定供給の確保、環境適合性）を柱として進められるようになった。

問2 日本のエネルギー政策は3Eを柱として進められてきたが、2011年の福島第一原発事故後は、安全性も加えた3Rイニシアティブの実現が基本課題となった。

問3 石炭から石油や液化ガスを製造して、輸送に便利な形態のエネルギーに変換することをエネルギーミックスという。

問4 ディマンドレスポンスとは、電力卸市場価格の高騰時などにおいて、電気料金価格の設定を踏まえて、需要家側が電力の使用を抑制するように電力消費パターンを変化させること。

問5 再生可能エネルギー導入に伴い、送配電網の整備、調整電源や蓄電などによって同時同量の維持や配電系統における電圧調整を行う、電力系統安定化対策が必要となってきている。

問6 FITとは、太陽光や風力などの再生可能エネルギー源を用いて発電された電力を、国が定める期間・価格で電力会社に買い取りを義務づける制度である。

問7 トップランナー制度とは、複数の会員間で自動車を共同で利用する制度である。

問8 2012年の再生可能エネルギー特別措置法によって、固定価格買取制度（FIT）が定められた。

問9 日本では、固定価格買取制度（FIT）の効果もあり、太陽光を中心に再生可能エネルギーの導入が増加しており、2020年の発電電力量でみた再生可能エネルギー（水力含む）の電源構成比は約45％である。

問10 建築物省エネ法は、低炭素型のインフラ整備や社会の仕組みづくりを通じて都市の低炭素化を促進する法律である。

答1 ○　3Eは、Economic efficiency（経済効率性）、Energy security（安定供給の確保）、Environment（環境適合性）の3つの頭文字である。

答2 ×　2011年福島第一原発事故後の日本のエネルギー政策は、3Eに安全性（Safety）を加えた3E＋Sの実現が基本課題となった。

答3 ×　エネルギーミックスとは、石炭、石油、天然ガス、原子力、再生可能エネルギーなどエネルギー源を多様化し、それぞれの特性に合わせて利用していくこと。

答4 ○　設問のとおりである。ディマンドレスポンスは、エネルギー供給の効率化につながる。

答5 ○　太陽光や風力など、気象により出力の調整が難しい電源の大量導入の見込みより、同時同量の維持や配電系統における電圧調整などの電力系統安定化対策を行う必要が出てきた。

答6 ○　FIT（固定価格買取制度）は、再生可能エネルギーによる発電を推進する制度で、その費用は電気料金に上積みされ各家庭や需要家が使用量に応じて負担する。

答7 ×　トップランナー制度は、テレビやエアコンなどエネルギー消費の大きい機器の省エネルギー基準を、最も優れている商品化された機器の性能以上に設定する制度である。

答8 ○　再生可能エネルギー特別措置法の正式名称は「電気事業者による再生可能エネルギー電気の調達に関する特別措置法」。固定価格買取制度を定めた法律である。

答9 ×　2020年の発電電力量でみた再生可能エネルギー（水力含む）の電源構成比は、約20％である。

答10 ×　建築物省エネ法は、一定規模以上の建築物に省エネ基準への適合を義務づけている。正式名称は「建築物のエネルギー消費性能の向上に関する法律」。

09 エネルギー供給源の種類と特性（1）

問1 □□ 近年、非在来型天然ガスの開発が進展しており、特にシェールオイル・ガスは北米で大きな資源量が見込まれ、米国では生産量が急増している。

問2 □□ 新規制基準とは、原子炉の安全性について、福島第一原子力発電所事故後に原子力規制委員会が制定した新しい規制基準のこと。

問3 □□ 植物由来のバイオマスエネルギーは、生長過程で二酸化炭素を吸収しており、燃焼すると二酸化炭素を排出する。そのため、カーボンニュートラルにはならない。

問4 □□ 太陽光や風力による発電は、発電量が気象条件に左右される点が課題である。

問5 □□ 分散型エネルギーシステムとは、大規模な発電所から、発電した電気を各需要家に送電するシステムのことである。

問6 □□ メガソーラーとは、一定地域内の複数のビルに対し、エネルギープラントでつくられた冷水・蒸気・温水などを供給するシステムのことをいう。

問7 □□ 風力発電ではウインドファームという大規模な設備が各地につくられている。

問8 □□ カーボンニュートラルとは、植物を燃焼させると CO_2 が発生するが、その植物は生長過程で CO_2 を吸収しているので、ライフサイクル全体でみると収支はゼロになるという考え方である。

問9 □□ バイオマスエネルギーとは、家畜排泄物、稲わら、林地残材など、化石資源を除く動植物に由来する有機物をエネルギー源として利用する方法である。

問10 □□ 温泉水を利用したバイナリー発電は、地産地消のエネルギーでもある。

答1 ○ シェールオイル・ガスは非在来型天然ガスの1つ。北米、中国、アルゼンチン、アルジェリアなどに多くの資源が存在する。2000年代後半から生産量が急増し、シェール革命と呼ばれている。

答2 ○ 設問のとおりである。2013年7月に、原子力規制委員会が新規制基準を制定した。

答3 × 燃焼時には生長過程で吸収した二酸化炭素を排出しており、大気中の二酸化炭素は差し引きでは増加しないため、カーボンニュートラルとされる。

答4 ○ 太陽光発電や風力発電は、発電量が、日照りや風量などといった気象条件に左右され安定しないことが課題である。

答5 × 分散型エネルギーシステムは、地域ごとにエネルギーをつくり、その地域内で使っていこうとするシステムで、エネルギーの地産地消ともいえる。

答6 × メガソーラーとは、大規模な太陽光発電設備のことである。

答7 ○ 設問のとおりである。風力発電設備を集中的に設置することで、風力を平均的に受けやすくなる。

答8 ○ 設問のとおりである。CO_2排出量を削減するための植林や、自然エネルギーの導入などによって、相殺できる。

答9 ○ バイオマスとは化石燃料を除く動植物に由来する有機物のことで、木くず、生ごみ、家畜のふん尿、サトウキビなど多様にあり、エネルギー源として利用されている。

答10 ○ タービンを回すほど温度の高くない温泉水を利用したバイナリー発電も導入が始まって、地産地消のエネルギーとして期待されている。

09 エネルギー供給源の種類と特性 (2)

問1 再生可能エネルギーとは、太陽光などの自然環境の中で枯渇しないエネルギーのことをいう。

問2 再生可能エネルギーの短所は、発電時に二酸化炭素を増加させないことである。

問3 太陽光や風力などの再生可能エネルギーによる発電は、分散型エネルギーシステムよりも大規模集中型エネルギーシステムに適している。

問4 日本での水力発電は、これまで大規模発電所が大きな役割を果たしてきたが、今後は中小水力発電所の開発・活用が期待されている。

問5 太陽光発電ではソーラーシステム、風力発電では風力タービンといった大規模な設備が各地につくられている。

問6 バイオディーゼルとは、動植物に由来する有機物を使った発電システムである。

問7 木くずや畜産廃棄物、稲わらなどを燃焼させ、その熱を利用して発電する仕組みをコンポストという。

問8 水力発電のうち揚水発電は、電力需要の少ない夜間などに余剰電力を利用して揚水した水を使って必要時に発電することができ、蓄電設備として利用できる。

問9 地熱発電は、地下 10 ～ 15 m の深さでは年間を通して温度の変化が少なく、夏場は外気温よりも低く、冬場は外気温よりも高くなるという温度差を利用している。

問10 日本には火山が多くあり地熱発電に適した場所は多くあるとされているが、適地が国立公園や湿地と重なるので簡単には開発できない。

答1 ○　再生可能エネルギーとは、自然環境の中で枯渇しないエネルギーであり、太陽光、風力、水力、地熱、地中熱などがある。

答2 ×　再生可能エネルギーの長所は、発電時に二酸化炭素を増加させないことである。短所は、コスト高や出力の不安定さなどである。

答3 ×　再生可能エネルギーは、集中型ではなく、地域ごとにエネルギーをつくり、その地域内で使っていこうとする分散型エネルギーシステムに適している。

答4 ○　大規模なものは開発しつくされており、今後は規模の小さな中小水力発電の開発・活用が期待される。

答5 ×　大規模な設備なので、太陽光発電ではメガソーラー、風力発電ではウインドファームである。

答6 ×　バイオディーゼルは、大豆、ナタネ、パームなどの植物油や廃食用油を原料としてつくった油脂を軽油に混合し、ディーゼル車に利用する燃料のことである。

答7 ×　設問の仕組みは、バイオマス発電である。コンポストは、生ごみなどの有機性廃棄物を微生物の働きによって分解し、堆肥にするものである。

答8 ○　揚水発電とは、発電機のある場所の上下に貯水池を建設し、必要なときに上から下へ水を流して発電、電力余剰のときは電力を使って下から上へ揚水を行う。

答9 ×　地熱発電は、マグマの熱で高温になった蒸気など地下深部（地下1,000〜3,000 m）の熱エネルギーを利用する。地下10〜15 m での温度差の利活用は地中熱利用技術。

答10 ○　地熱発電は、開発期間が長いことや、適地が国立公園や温泉地域に多くあり行政や関係者との調整が必要なことなどが課題である。

⑩ 省エネ対策と技術

問1 気体を圧縮すると温度が上昇し、膨張すると温度が下がる原理を利用して空気の熱を汲み上げ利用するシステムを、ヒートポンプという。

問2 都市ガスなどから得られた水素と空気中の酸素の化学反応により発電する装置は、燃料電池である。

問3 交流電気をいったん直流にし、周波数の異なる交流に変えることによりモーターの回転数を制御し、消費電力を抑える技術は、発光ダイオードである。

問4 発電を行うとともに、その際に発生する排熱を利用し温水や蒸気を作って、給湯や冷暖房に使用するシステムのことを、コージェネレーションという。

問5 住宅のエネルギー効率向上においては、単層ガラスによる断熱が有効である。

問6 LED照明は、電力消費が少なく長寿命であり、近年、家庭内の照明、街路灯、信号機などに普及してきている。

問7 地域冷暖房とは、エネルギープラントで冷水・蒸気・温水などを作り、一定地域にある複数の建物に供給するシステムで、地域全体としての省エネルギー化を図ることができる。

問8 ESCO事業とは、ISO14001などの環境マネジメントシステムの規格に適合しているか、第三者として認証する事業のこと。

問9 電力会社などとの通信機能を備えた電力量計を、スマートメーターという。

問10 通信・制御機能を活用して送電調整を行うなど、電力を効率よく利用するための電力網のことをデカップリングという。

答1 ○ 消費電力の3倍以上の熱エネルギーを生み出し、給湯器、エアコン、冷凍冷蔵庫など、身近な家電製品などに活用されている。

答2 ○ 発生する熱も温水として利用できるコージェネレーションで、エネルギー効率の高いシステムである。

答3 ✕ 設問の内容は、インバーターである。エアコンや冷蔵庫の設定温度をきめ細かく制御し、消費電力を抑える。

答4 ○ エンジンやガスタービンで発電を行い、発電と同時に排熱を給湯や冷暖房に利用することで、高いエネルギー効率が実現できるシステムである。

答5 ✕ 断熱効果や結露防止効果の高い複層ガラスを利用することは、住宅のエネルギー効率向上に有効である。

答6 ○ LED（発光ダイオード）照明は、蛍光ランプにくらべて消費電力が約3/4と少なく、寿命が4～7倍長いといわれ、近年低価格化が進み、普及してきている。

答7 ○ 地域冷暖房は、一定地域内の複数のビルに対し、エネルギープラントで作られた冷水・蒸気・温水などを供給するシステム。熱源設備の集中化にコージェネレーションなどを組み合わせることにより、省エネルギー化が図られる。

答8 ✕ ESCO（Energy Service Company）事業とは、工場やビル事業者と契約して省エネルギーに必要な技術、設備等を提供することで省エネルギーを実現し、削減されたコストを対策費用や報酬に当てる事業のことである。

答9 ○ 通信機能を備えた電力量計スマートメーターにより、電力使用状況の見える化や家電製品の制御を実現する。また、省エネルギー対策の基盤となることが期待され、スマートコミュニティにもつながる。

答10 ✕ 設問の内容は、スマートグリッドである。電力のスマートメーターなどITの通信・制御機能を活用し、送電調整や時間帯別など多様な電力契約を可能にした。

⑪ 生物多様性の重要性と危機 (1)

問1
生物の多様性には、生態系の多様性と受容系の多様性がある。

問2
動物・植物や菌類、バクテリアなど、さまざまな種が生息・生育していることを遺伝子の多様性という。

問3
干潟、サンゴ礁、森林、湿原、河川など、いろいろなタイプの生態系がそれぞれの地域に形成されていることを生態系の多様性という。

問4
生物多様性基本法は、人類共通の財産である生物の多様性を確保し、その恵沢を将来にわたり享受できるよう次世代に引き継ぐ責任があると述べている。

問5
ミレニアム生態系評価とは、全国1,000か所程度の調査サイトで、生物多様性の長期にわたる継続的なデータ収集を行っている調査における評価のことをいう。

問6
ミレニアム生態系評価が整理した生態系サービスとは、基盤サービス、供給サービス、調整サービス、文化的サービスの4つである。

問7
生態系サービスのうち基盤サービスは、自然景観などの審美的価値や宗教などの精神的価値、教育やレクリエーションの場の提供などをいう。

問8
生態系サービスのうち調整サービスは、気候の調整や洪水制御など自然災害の防止と被害の軽減、医薬品の原料の提供による疾病制御などをいう。

問9
生態系サービスのうち供給サービスは、食料や淡水、木材及び繊維、燃料などの提供をいう。

問10
生態系ネットワークは、食料や水、気候の安定などの自然がもたらす恵みのことである。

答1 **×**　生物の多様性には、生態系の多様性、種の多様性、遺伝子の多様性がある。

答2 **×**　設問の内容は、種の多様性である。遺伝子の多様性は、例えばアサリの貝殻やナミテントウの模様などのように、同じ種でも個体や個体群の間に差があることをいう。

答3 **○**　設問のとおりである。生態系は、海洋や山岳、熱帯や極地などのさまざまな地域で、環境に応じて歴史的に形成されてきた。

答4 **○**　2008 年議員立法により制定された生物多様性基本法は、生物多様性の保全及び持続可能な利用について基本原則を定めるとともに、「生物多様性国家戦略」を法律に基づく戦略と位置づけた。

答5 **×**　ミレニアム生態系評価は、国連の主唱により 2001 年から 2005 年にかけて行われた、地球規模の生物多様性に関する総合的評価である。

答6 **○**　自然の恵みを生態系サービス（Ecosystem Service）として、基盤サービス、供給サービス、調整サービス、文化的サービスの 4 つに整理している。

答7 **×**　設問の内容は、文化的サービスである。基盤サービスは、栄養塩の循環、土壌形成、光合成による酸素の供給などをいう。

答8 **×**　疾病制御は、生態系がヒトの病原体の発生率や量に与える影響のことで調整サービスに分類されるが、医薬品の原料の提供は供給サービスである。

答9 **○**　設問のとおりである。その他に、医薬品の原料なども含まれる。

答10 **×**　設問の内容は、生態系サービスである。生態系ネットワーク（緑の回廊）は、生物の生息空間を広げ、多様性の保全を図ることである。

⑪ 生物多様性の重要性と危機 (2)

問 1 グリーンペーパーとは、絶滅のおそれのある野生生物の一覧表のことで、種名や絶滅の危険度などが記載されている。

問 2 動植物の遺骸や排泄物の有機物が微生物によって無機物に分解されていく。これをバイオミメティクス（Biomimetics）と呼ぶ。

問 3 日本では近年開発行為が収まってきていることから、2015 年に環境省が発表したレッドリスト 2015 では、以前に公表されたレッドリストに比べ、絶滅のおそれがあるとして掲載される種の数は減少している。

問 4 地球規模の野生生物種減少は、大規模な開発・森林伐採による生息地の破壊、化学物質などによる環境汚染など生息環境の劣化が原因と考えられ、さまざまな人間活動が直接・間接に影響している。

問 5 赤道付近に分布する熱帯林は生命活動が盛んで地球の野生生物種の半数以上が生息しており、エネルギーの宝庫と呼ばれている。

問 6 サンゴの体内の藻類が外に出たり死んだりして、体色が薄くなることを、石化現象という。

問 7 生物多様性を脅かす 4 つの危機のうち第 2 の危機は、自然に対する働きかけ拡大の危機であり、里地里山などの環境や生態系の変化は、人の手が入りすぎることによって生じている。

問 8 詳細な現地調査から全国の動植物の分布、植生、干潟、藻場、サンゴ礁の現状等を把握して生物多様性に関する基礎情報を収集する調査を、緑の国勢調査という。

問 9 自然環境保全基礎調査とは、生態系タイプごとに全国 1,000 か所程度の調査サイトを設置し、自然環境の現状及び変化について定点で長期的に実施されている調査のことである。

問 10 バイオミミクリーとは、野生のゴボウの実が自分の服や犬の毛にたくさんつくことをヒントにマジックテープを開発するなど、生物の真似をして科学技術を開発することである。

答1 ✕ 絶滅のおそれのある野生生物の種の一覧表は、レッドリストである。国際的には国際自然保護連合（IUCN）が作成、国内では環境省などが作成している。

答2 ✕ 設問の内容は、腐食連鎖である。バイオミメティクスはバイオミミクリー、生物模倣と同じ意味で、生物の真似をして最先端の科学技術を開発することである。

答3 ✕ 絶滅のおそれのある種は、第3次レッドリスト（2007〜2008年公表）に比べて、レッドリスト2015で441種増加、レッドリスト2018で41種増加、レッドリスト2020では40種増加している。

答4 〇 野生生物種減少の背景には、途上国などの貧困や急激な人口増加、より豊かな生活の追求など、社会的、経済的な問題も存在している。

答5 ✕ 生命活動が盛んな熱帯林は種の宝庫と呼ばれる。しかし非伝統的な焼畑耕作、過剰放牧、商業的伐採、森林火災などによる生息地の減少も進んでいる。

答6 ✕ 設問の内容は、白化現象（はっかげんしょう）である。水温が高すぎることが原因とされている。

答7 ✕ 第2の危機は、社会経済の変化に伴って人間の自然に対する働きかけが縮小撤退することによる里地里山の環境の質の変化をいう。人口減や高齢化地域での鳥獣害の増加などがある。

答8 〇 自然環境保全基礎調査（緑の国勢調査）は、国が行う全国レベルの調査で、植生調査、野生生物の分布調査など国土全体の自然環境の状態を調査している。

答9 ✕ モニタリングサイト1000のことである。高山帯から小島嶼（しょうとうしょ）までさまざまな生態系タイプの全国1,000か所程度の調査サイトで、生物多様性についての長期かつ継続的なデータ収集を行っている。

答10 〇 他の例としてカワセミのくちばしによく似た先端を持つ新幹線や、フクロウの羽を模して騒音を低減したパンタグラフなどもある。生物模倣は自然に学ぶものづくりなので、供給サービスとされる。

⑫ 生物多様性の国際的な取り組み

問 1 ☐☐ ラムサール条約は、水鳥の生息地等、国際的に重要な湿地とそこに生息・生育する動植物の保全を目的とした条約で、日本でも数多くの湿地が登録されている。

問 2 ☐☐ ラムサール条約の登録湿地として、日本では白神山地、屋久島、知床、小笠原諸島が登録されている。

問 3 ☐☐ ワシントン条約とは、生物多様性の包括的な保全と持続的な利用を促進するための条約で、1992 年の地球サミットにおいて署名が開始された。

問 4 ☐☐ 世界遺産条約の正式名称は「世界の文化遺産及び自然遺産の保護に関する条約」であり、1972 年にパリで採択され、1975 年に発効した。

問 5 ☐☐ 日本では、屋久島、白神山地、知床、紀伊山地の 4 件が世界自然遺産として登録されている。

問 6 ☐☐ 世界遺産条約の事務は、ユネスコが管理している。

問 7 ☐☐ 生物多様性条約とは、生物多様性の包括的な保全と持続的な利用を促進するための条約で、1992 年の地球サミットにおいて署名が開始された。

問 8 ☐☐ バイオテクノロジーとは、生物や菌類の浄化作用を利用して、有害物質で汚染された土壌を元の状態に戻す技術である。

問 9 ☐☐ カルタヘナ議定書は、バイオテクノロジーにより改変された生物（遺伝子組換え生物・LMO）が、生物の多様性の保全及び持続可能な利用に悪影響を及ぼすことを防止するための措置を定めている。

問 10 ☐☐ 農業や林業などの人間の営みを通じて形成された二次的な自然環境を保全することをねらいとし、2010 年に名古屋で開催された COP10 の開催中に日本が提唱し、世界規模で進められている取り組みは、緑の国勢調査である。

答1 ○ ラムサール条約は、水鳥の生息地である湿地の保全とともに、そのワイズユース（賢明な利用）を提唱している。

答2 × 日本はラムサール条約に1980年に加入し、釧路湿原、琵琶湖、涸沼、志津川湾、葛西海浜公園などに加え、2021年には鹿児島県出水ツルの越冬地が追加された。

答3 × 1973年採択、1975年発効のワシントン条約は、絶滅のおそれのある野生生物の国際取引を規制する条約。生物の個体だけではなく、その剥製や皮、牙から製造された製品も規制対象になる。

答4 ○ 世界遺産条約（世界の文化遺産及び自然遺産の保護に関する条約）は、世界の文化遺産や自然遺産を人類全体のため世界遺産として保護、保存するものである。

答5 × 世界自然遺産として登録されているのは、屋久島、白神山地、知床、小笠原諸島、奄美大島・徳之島・沖縄島北部及び西表島の5件である。

答6 ○ 世界遺産条約の事務局は世界遺産センターと呼ばれ、ユネスコが管理している。

答7 ○ 生物多様性条約（CBD）は、1992年5月ケニアのナイロビで開催された国連環境計画（UNEP）で採択、同年6月の地球サミットで条約加盟の署名が開始された。

答8 × バイオテクノロジーとは、生物の遺伝子を人為的に組み換え、病害虫に強い農作物や新たな医薬品などを開発する技術のこと。

答9 ○ 遺伝子組換え生物が野生種と競合、交雑することによる生物多様性への影響を防止するため、輸出入の手続きを定めたカルタヘナ議定書が締結され、2003年より発効している。日本では、2004年にカルタヘナ法が施行された。

答10 × 設問の内容は、SATOYAMAイニシアティブである。緑の国勢調査は、自然環境保全基礎調査の通称で、日本の国土全体の自然環境の状況の調査で、自然環境保全法に基づき5年に一度実施されている。

➡公式テキスト P.102～109

⑬ 生物多様性の主流化
⑭ 生物多様性・自然共生社会への取り組み (1)

問1 国連生物多様性の10年とは、2011年から2020年までの間、国際社会のあらゆる主体が連携して生物多様性の問題に取り組むとされた10年のこと。

問2 「国立公園」は、日本を代表する優れた自然の風景地で、保護し利用を図る目的で、環境大臣が指定する。「国定公園」は、国立公園に準じる風景地で、国立公園より多く指定されている。

問3 生態系と生物多様性の経済学（TEEB）とは、生物多様性と生態系サービスの価値を経済的価値に変換し、その損失が経済に与える影響などを定量的に研究した報告書である。

問4 「ユネスコ世界ジオパーク」は、人の手が加わっていない原生の状態を維持している地域で、北海道の十勝川源流部や南硫黄島などが指定されている。

問5 自然公園法に基づき、日本を代表する優れた自然の風景地である国立公園、国定公園などが指定されている。

問6 日本では、種の保存法に基づき、国際的に保護されている海外の希少な野生動植物などの国内取引を規制している。

問7 元来、その地域にいなかったのに人間活動によって海外など他の地域から入ってきた生物を、外来生物という。

問8 開発による生態系へのマイナスの影響をオフセットによるプラスの影響により相殺し、事業の影響をプラスマイナスゼロにすることをネットゲインという。

問9 私たちは自然界から多くの恵みを得て生活や企業活動を行っている。この自然界からの恵みを、生活や企業活動のコストとして費用負担する考え方は、クリーン開発メカニズムである。

問10 生態系が保たれている生息空間のことを、ビオトープという。

答1 ○ 愛知目標達成に貢献するため、2010年12月の国連総会において2011年から2020年までの10年を、あらゆる主体が連携して生物多様性の問題に取り組む、国連生物多様性の10年とすることが決議された。

答2 ○ 自然公園法または都道府県条例に基づき、優れた自然の風景地は、国立公園、国定公園、都道府県立自然公園の3種類に指定されている。

答3 ○ 設問のとおりである。2007年からドイツを中心に研究が進められ、2010年名古屋開催のCBD-COP10で最終報告書が公表された。

答4 × 設問の内容は、原生自然環境保全地域である。ユネスコ世界ジオパークは、国際的に価値のある地質遺産を地域振興などに活用している地域のことである。

答5 ○ 国立公園などの自然公園は、中部山岳や南アルプスなど脊梁山脈を中心に国土の約14.8%を占め、生物多様性保全の屋台骨となっている。

答6 ○ 設問のとおりである。また、国内の希少野生動植物種について、生息地の保護、保護増殖事業、捕獲などの規制も行っている。

答7 ○ 生態系や人への悪影響が大きい外来生物については、「入れない」、「捨てない」、「拡げない」ことを目指し、対策が講じられている。

答8 × プラスマイナスゼロにすることはノーネットロスで、プラスにすることがネットゲインである。

答9 × 設問の内容は、生態系サービスへの支払い（PES）である。クリーン開発メカニズム（CDM）は、京都メカニズムの1つである。

答10 ○ 人工的につくられたものでは、小さなものはビルの屋上に憩いの場としてつくられるもの、大きなものでは自然公園などがある。

⑭ 生物多様性・自然共生社会への取り組み (2)

問1 □□ 生態系ネットワークは、分断された野生生物の生息地を、森林や緑地、水辺などでつなぐことで、生物の生息空間を広げ多様性の保全を図ることである。

問2 □□ 野生生物の生息地を森林、緑地、水系などでつなぐ生態系ネットワークは、国土の森・里・川・海のつながりを確保し、生物多様性保全に有効である。

問3 □□ 過去に損なわれた自然環境の保全、再生、創造、維持管理を行う事業のことを、ESCO事業という。

問4 □□ 愛知目標を受けて改定された生物多様性国家戦略は、都市と農山漁村をつなげる「自然共生圏」という考え方を提示している。

問5 □□ 里地里山とは、奥山自然地域と都市地域の間に位置し、集落を取り巻く二次林と人工林、それらと混在する農地、ため池、草原などで構成される地域である。

問6 □□ 人手が加わることにより生物生産性と生物多様性が高くなった沿岸地域で、古くから水産・流通をはじめ、文化と交流を支えてきた海域を、里海という。

問7 □□ 里山では、シカやイノシシ、サルなどが出没して、近隣の農地を含めた土壌の流失が深刻な問題となっている。

問8 □□ 自然環境や歴史文化を対象とし、それらを体験し学ぶとともに、対象となる地域の自然環境や歴史文化の保全に責任を持つ観光を、マスツーリズムという。

問9 □□ ユネスコエコパークは、生物圏保存地域ともいい、人間と環境との関係を改善する基盤となる研究を行うMAB計画に基づく保護地域のことである。

問10 □□ 世界農業遺産は、世界的に重要かつ伝統的な農林水産業を営む地域（農林水産業システム）を、国連食糧農業機関（FAO）が認定する制度である。

答1 ○　設問のとおりである。エコロジカルネットワークとも呼ばれる。

答2 ○　設問のとおりである。緑の回廊とも呼ばれる。

答3 ×　設問の内容は、自然再生事業である。ESCO 事業は、省エネルギー改修にかかる全ての経費を光熱水費の削減分で賄う事業のことである。

答4 ○　農山漁村の里地里山の自然が提供する生態系サービスを維持するため、これを享受してきた都市が生態系の保全管理などに対し、資金、人材などを提供し、互いの地域が交流し、支え合う関係を作ることが重要という考え方。

答5 ○　特有の生物の生息・生育環境として、また食料や木材など自然資源の供給、良好な景観、文化の継承などの観点からも重要な地域である。

答6 ○　設問のとおりである。里山と同様で、人と自然が共生する場所である。

答7 ×　里山では、人口減や高齢化により人間活動が弱まっているため、鳥獣害が深刻な問題となっている。

答8 ×　設問の内容は、エコツーリズムである。

答9 ○　日本では、2019 年に甲武信が登録され、これまでに合計 10 か所が登録されている。

答10 ○　2023 年 2 月現在、世界で 24 か国 74 地域、日本では 13 地域が認定されている。

15 オゾン層保護

問1 □□ オゾン層は大気圏にあって、太陽光線に含まれる有害な紫外線を吸収する重要な役割を担っている。

問2 □□ オゾン層には、太陽からの紫外線を吸収する性質がある。紫外線は、人の健康や地球環境と大きく関わっているため、オゾン層を守るための取り組みが重要である。

問3 □□ 国際条約での取り組みや国内対策が功を奏し、成層圏のオゾン層破壊物質の濃度は減少し、21世紀に入るとオゾンホールは消失している。

問4 □□ オゾンホールの原因は、ホルムアルデヒドという化学物質である。

問5 □□ フロンが冷媒や発泡剤として使われているエアコンや冷蔵庫は、使用後の回収・破壊措置が講じられている。

問6 □□ オゾン層を破壊しているフロンは成層圏まで達しているため、これからも成層圏の塩素濃度は上がり続けるとみられている。

問7 □□ オゾン層保護に取り組むため、1985年にウィーン条約が締結された。

問8 □□ 1987年、オゾン層破壊物質について規制を行う国際的な枠組みである、ヘルシンキ議定書が採択された。

問9 □□ 日本でも、1988年にオゾン層保護法が制定され、取り組みが進められた。

問10 □□ 気候変動に伴うリスクと考えられる事象として、人体の健康にも影響が出るオゾン層の破壊がある。

答1 ✕ オゾン層は成層圏にあり、紫外線を吸収することで多種多様な動植物の生態系が守られている。

答2 ○ オゾン層が破壊され薄くなると、地表に照射する紫外線量が増え、生物のDNAにダメージを与え、皮膚がんや白内障が増加するなどの影響が懸念される。

答3 ✕ 1970年代に観測されはじめ1980年代から急激に拡大したオゾンホールは、現在長期的な拡大傾向はみられなくなっているが、依然として深刻な状況が続いている。

答4 ✕ オゾンホールの原因はホルムアルデヒドではなく、自然界に存在しない、フッ素と塩素を含むフロンという化学物質である。

答5 ○ フロンは、オゾン層を破壊する性質や強力な温室効果を持つため漏洩抑制のための管理がなされ、エアコンや冷蔵庫は使用後の回収・破壊措置が講じられている。

答6 ✕ オゾン層保護は有効な対策が迅速に実行され、地球環境問題の中では最も効果をあげている取り組みといわれている。

答7 ○ ウィーン条約（オゾン層の保護のためのウィーン条約）は、オゾン層による人や環境への影響についての研究や観測に協力することなどを規定している。

答8 ✕ 1987年に採択されたモントリオール議定書において、オゾン層破壊物質の全廃スケジュールが設定され、その後、規制を強化する改正が行われた。

答9 ○ オゾン層保護法の正式名称は「特定物質の規制等によるオゾン層の保護に関する法律」。2018年改正より代替フロン（HFC）も規制対象となった。

答10 ✕ オゾン層破壊はフロンによるもので、気候変動を原因として発生したものではない。

⑯ 水資源と海洋環境

問1
地球上の水は約 14 億 km³ であり、その大半が淡水である。

問2
地球上の水約 14 億 km³ のうち、河川、湖沼としてある淡水は約 0.01 ％である。

問3
水資源賦存量とは、降水量から蒸発散によって失われる量を引いたもので、人間が最大限利用可能な水資源の量とされる。

問4
ウォーターフットプリントとは、人間の活動がどれほど自然環境に影響を与えているかを陸域と水域の面積で表す指標で、2013 年の試算では、私たちの生活を支えるためには、地球 1.7 個分が必要とされている。

問5
農業用水は、取水量のほぼ半分の 50 ％を占める。

問6
バーチャルウォーターとは、生産物に対してどの程度の水が必要かを推定した水の量のことである。

問7
世界水フォーラムとは、民間団体の世界水会議が主体となって水問題を議論する国際会議である。

問8
製品などの原材料の栽培、生産、製造・加工、輸送、流通、消費までのライフサイクルで直接的・間接的に消費・汚染された水をバラスト水という。

問9
海洋汚染の主な原因としては、陸上起因の汚染、海底鉱物資源の開発、廃棄物の海洋投棄や船舶からの汚染、大気を通じての汚染物の落下が挙げられる。

問10
ロンドン条約は、廃棄物その他の投棄による海洋汚染防止に関する規制について定めている。

答1 ✕ 　地球上の水のほとんどは海水で、淡水はわずか 2.5 %である。その大部分は極地の氷河や地下水として貯蔵されている。

答2 ○ 　淡水のほとんどが氷河や地下水で、人間を含めた生物が利用できる河川、湖沼の淡水は地球上の水の量の約 0.01 %である。

答3 ○ 　水資源として循環再生する、人間が利用可能な水の量である水資源賦存量は、地球上の水の量の 0.004 %、5.5 万 km^3/ 年でしかない。

答4 ✕ 　ウォーターフットプリントとは、製品の製造から物流、廃棄までのライフサイクル全体で消費・汚染された水の総量を把握する指標である。

答5 ✕ 　農業用水が取水量のほぼ 70 %を占め、そのうち大部分は灌漑用水である。産業用水や生活用水も使用量が増大していることから、このままでは 2030 年までに需要量の 40 %が不足するとみられている。

答6 ✕ 　バーチャルウォーターとは、輸入する食料をその国で生産するとしたらどの程度の水が必要かを推定した水の量である。

答7 ○ 　民間団体の世界水会議が主体となって、水問題を議論する国際会議。2003 年には、第 3 回世界水フォーラムが日本の琵琶湖・淀川流域で開催された。直近では 2022 年にアフリカのセネガルで開催。

答8 ✕ 　バラスト水は、船舶の安定性を保つためにタンクに積み込む水のことで、積み込んだ水に含まれる生物が港から港へと移動し、外来生物として影響を与えることが懸念されている。

答9 ○ 　中でも、直接または河川などを経由した陸上起因の汚染が全体の 7 割といわれている。

答10 ○ 　1972 年の条約。正式名称は「廃棄物その他の物の投棄による海洋汚染の防止に関する条約」で、ロンドン・ダンピング条約ともいう。

➡公式テキスト P.116～121

⑰ 酸性雨と森林破壊
⑱ 土壌・土地の劣化と砂漠化

問1 酸性の物質のうち、雨などに溶け込み地表に降ってきたものは湿性降下物、雨以外の乾いた粒子などの形で降ってきたものは乾性降下物という。特に前者を酸性雨と呼ぶ。

問2 黄砂とは、中国大陸内陸部のタクラマカン・ゴビ砂漠などの乾燥地域で、風によって地上数千ｍまで巻き上げられた土壌の微粒子である。気象条件により日本まで飛来する。

問3 PM 2.5 は、特に粒子が小さく、吸い込むと肺の奥まで達するおそれのあるもののことである。

問4 1979 年、欧米で長距離越境大気汚染条約が採択された。

問5 森林保全関係法令の執行体制が弱い東南アジアやロシアなどで、違法伐採木材の輸出が行われている。これらの違法対策として、クリーンウッド法によって合法に伐採された木材を使用する木材関連事業者登録制度が導入された。

問6 長距離越境大気汚染条約に基づいて、1985 年にヘルシンキ議定書、1988 年にソフィア議定書、1999 年にグーテンベルグ議定書が採択された。

問7 ライダーシステムとは、アジア地区を中心に酸性雨の国際協力のために構築されたシステムのことである。

問8 東アジア酸性雨モニタリングネットワーク（EANET）は、日本が提唱したもので、2001 年から本格的に稼働している。

問9 国連食糧農業機関（FAO）によると、森林面積はアフリカ、南米ではわずかに拡大しているが、ヨーロッパ、アジアでは継続して大幅に減少している。

問10 酸性雨が木々の生育に直接影響するだけでなく、土壌が酸性化して土の中の栄養分が流出したり、有害な成分が溶け出して木々が枯れたりする。

答1 ✕ 　排煙や排出ガスなどに含まれる硫黄酸化物（SOx）や窒素酸化物（NOx）などが、大気中で硫酸・硝酸に化学変化し、雨・雪に溶け込んだ湿性降下物と、塵となって地表に降ってくる乾性降下物を総称して酸性雨という。

答2 ◯ 　黄砂による深刻な影響として、大気汚染、視程障害による交通への影響、洗濯物や車両の汚れのほか、有害汚染物質を吸着して運搬している可能性が指摘されている。

答3 ◯ 　粒径がおおむね2.5μm（マイクロメートル）（1μm＝1mmの千分の1）以下の超微小粒子で、人が吸い込むことによる健康被害への懸念がある。

答4 ◯ 　長距離越境大気汚染条約とは、1979年に欧米で採択された国際条約で、原因物質が長距離移動する酸性雨の調査の実施などを規定した。

答5 ◯ 　クリーンウッド法（合法伐採木材等の流通及び利用の促進に関する法律）は、海外で違法に伐採された樹木を材料とする木材とその製品の輸入や流通の防止を目的としている。

答6 ◯ 　ヘルシンキ議定書は硫黄酸化物排出削減、ソフィア議定書は窒素酸化物排出削減、グーテンベルグ議定書は富栄養化やオゾンなど複数の効果を対象としてその低減を目指すものである。

答7 ✕ 　ライダーシステムとは、レーザー光線を上空に発射して、通過する黄砂を地上で観測することができるリモートセンシングシステムのことである。

答8 ◯ 　東アジアでは、日本が提唱した東アジア酸性雨モニタリングネットワーク（EANET）が2001年から本格稼働し、東アジアの酸性雨に関する定期報告書の作成や技術支援、普及啓発活動などを行っている。

答9 ✕ 　森林面積の減少は、アフリカや南米が顕著である。世界の森林面積は、地球の陸地面積の約30％を占めるが、熱帯林を中心に依然として減少し続けており、生物多様性や地球温暖化への深刻な影響が懸念されている。

答10 ◯ 　酸性雨による深刻な影響として森林の衰退があり、1970年代、ドイツ南西部山地のシュバルツバルトの木々が枯れた例などがある。

⑲ 循環型社会を目指して

問1 CO$_2$排出量が少なく、安定した気候のもとでの豊かで持続可能な社会を、一般的に循環型社会という。

問2 リデュース（Reduce）、リユース（Reuse）、リサイクル（Recycle）の頭文字をとって3Rという。

問3 使えなくなったものを熱源とし、熱を回収することをマテリアルリサイクルという。

問4 炭素が、生物、大気、海洋などの間で、移動、交換、貯蔵をくり返しながら循環していることをサーマルリサイクルという。

問5 ビールびん、牛乳びんなどは使用後回収され、循環活用されるリデュースの仕組みが構築されている。

問6 循環型社会形成推進基本法は3Rに取り組むべき優先順位を決めている。原材料として再利用するなどリサイクルが最も優先順位が高く、その後にリユース、リデュースと続く。

問7 循環型社会形成推進基本法の制定により、廃棄物対策は3Rの促進が重視されるようになってきた。

問8 循環型社会形成推進基本計画では総合的指標として、資源生産性、ごみ排出量、最終処分量を定めている。

問9 循環型社会形成推進基本法の基本理念の1つに、排出者責任というものがある。

問10 容器包装リサイクル法で容器包装の製造者などに再商品化（リサイクル）の義務が課されていることなどは、拡大生産者責任の考え方によるものである。

答1 ✕　設問の内容は、低炭素社会のことである。循環型社会とは、廃棄物などの発生抑制や適正な循環的利用の促進などにより、天然資源の消費を抑制し、環境負荷を可能な限り低減する社会。

答2 ○　3Rは、リデュース（Reduce：発生抑制）、リユース（Reuse：再使用）、リサイクル（Recycle：再生利用）の頭文字をとったものである。

答3 ✕　マテリアルリサイクルとは、使えなくなったものを他の素材として再生利用すること。

答4 ✕　サーマルリサイクルとは、使えなくなったものを熱源とし、熱を回収することをいう。

答5 ✕　リデュースは、ごみを減らしたり発生を抑制したりすること。くり返し循環活用される仕組みは、リユースである。

答6 ✕　3Rの優先順位は、リデュース（発生抑制）、リユース（再使用）、マテリアルリサイクル（原料の再生利用）、サーマルリサイクル（熱回収）、適正処分の順である。

答7 ○　2000年に循環型社会形成推進基本法が制定されて、廃棄物対策は3Rの促進が重視されている。

答8 ✕　循環型社会形成推進基本計画では総合的指標として、資源生産性、循環利用率、最終処分量を定めている。

答9 ○　排出者責任とは、廃棄物を排出する人が廃棄物の処分やリサイクルに責任を持つという、循環型社会形成推進基本法の基本理念の1つである。

答10 ○　拡大生産者責任とは、生産者は製品の生産、使用だけでなく、使用後の廃棄・リサイクルの段階まで環境負荷低減に責任を持つべきとの考え方のことである。

⑳ 国際的な廃棄物処理の問題
㉑ 国内の廃棄物処理の問題

問1 バーゼル条約は、有害廃棄物の越境移動に関する規制を定めた条約である。

問2 リサイクル目的で海外に輸出される使用済みの家電や電子機器の中に不適切に処理されるものがあるなど、輸出により輸出先で汚染を引き起こしかねない問題を E-waste 問題という。

問3 バーゼル条約の取り組みや E-waste 問題への対処が効果を上げて、現在では日本から国境を越えて移動する廃棄物は根絶された。

問4 日本の1人1日当たりのごみ（一般廃棄物）排出量は約901g（2020年度データ）であり、排出量は最近10年、一貫して増加し続けている。

問5 一般廃棄物は、産業廃棄物以外の廃棄物で、主に家庭系ごみだが、オフィス、飲食店、学校などから発生する事業系ごみもこれに含まれる。

問6 産業廃棄物は、事業活動に伴って生じた廃棄物のうち、法令で定められた20種類のものと輸入された廃棄物をいう。

問7 特別管理廃棄物とは、福島第一原子力発電所の事故で放出された放射性物質により汚染された廃棄物のうち、放射能濃度が8,000ベクレル（Bq）/kgを超えるものをいう。

問8 粗大ごみ以外の家庭ごみについて、排出抑制の徹底を目的として収集を有料化する市区町村が増えており、全市区町村の半数以上が有料の指定ごみ袋の導入などにより、家庭ごみ収集の手数料を徴収している。

問9 廃棄物処理法に定められたマニフェストとは、企業が事業活動にともなって生じた産業廃棄物を、自社内で適正に処理するために使用する帳票である。

問10 輸出した貨物が相手国の税関で通関できず、日本にシップバックされる事例が、近年多く発生している。

答1 ○　有害廃棄物の国境を越える移動に関する国際条約で、有害廃棄物の輸出時は事前に相手国の同意を得ることや、不適正な輸出が行われた場合の再輸入の義務などが定められている。

答2 ○　使用済みの家電や電子機器が途上国に輸出され、処理過程で有害物質による汚染を引き起こす問題は、E-waste 問題といわれている。

答3 ×　条約違反の廃棄物移動によって環境汚染が発生するケースも、日本のみならず世界各国で起こっている。

答4 ×　ごみの総排出量、1人1日当たり排出量は、ともに 2000 年をピークとなっており、その後は減少傾向である。

答5 ○　設問のとおりである。一般廃棄物は、産業廃棄物以外の廃棄物を指し、し尿や家庭から発生する家庭系ごみのほか、事業系ごみも含まれる。

答6 ○　設問のとおりである。廃棄物は、産業廃棄物と一般廃棄物に区分される。

答7 ×　特別管理廃棄物とは、爆発性、毒性、感染性その他の人の健康または生活環境に関わる被害を生じるおそれのある、いわゆる有害廃棄物のことで、設問は、放射能で汚染された廃棄物のうち指定廃棄物と呼ばれるもの。

答8 ○　環境省調査によれば、粗大ごみ以外の生活系ごみについて、2020 年度では全市区町村の 65.8 ％にあたる 1,145 市区町村が有料の指定ごみ袋の導入などで、収集の手数料を徴収している。

答9 ×　マニフェスト（産業廃棄物管理票）は、事業者が産業廃棄物の処理を処理業者に委託する場合、処理業者に交付し、確実に最終処分されたことを確認するための管理票。

答10 ○　設問のとおりである。2021 年は、廃プラスチックや E-waste について、アジア諸国からのシップバック（返送）事例が 11 件発生した。

22 そのほかの廃棄物問題
23 リサイクル制度

問1 PCB（ポリ塩化ビフェニル）廃棄物は、全国5か所の施設での処理が進められ、現在ではその処理事業は完了している。

問2 1990年代、香川県豊島や青森・岩手県境などで大規模産業廃棄物不法投棄事件が発覚したことをきっかけにさまざまな対策が実施された。

問3 産業廃棄物の不法投棄は産業廃棄物特別措置法によって、日本ではゼロになった。

問4 第三次循環型社会形成推進基本計画で、目標の1つとして定められた循環利用率は、投入された資源をいかに効率的に使用して経済的付加価値を生み出しているかを示す指標である。

問5 容器包装リサイクル法では、市町村がリサイクルの義務を負い、その費用はすべて税金により賄われている。

問6 家電リサイクル法の対象となる家電製品は、家庭用エアコン、テレビ、電気冷蔵庫・冷凍庫、電子レンジの4品目で、製造・輸入業者に一定水準以上の再商品化を義務づけている。

問7 2018年度までに、廃家電の出荷台数に対する回収率目標を74％以上とすることが定められた。

問8 東日本大震災で発生した福島第一原子力発電所事故による、汚染を除去する過程で発生した表土や枝葉、草木などを災害廃棄物という。

問9 食品廃棄物については、食品リサイクル法により再生利用が進められているが、一般家庭は対象となっていない。

問10 シュレッダーダストとは、廃家電や廃自動車を破砕した廃棄物のことである。

答1 ✕　国は 2004 年から全国 5 か所の施設で PCB 廃棄物の処理を進めてきたが、使用中や未届けの機器が多数存在し、処理事業は完了せず処分期間は 2026 年度末に延長されている。

答2 〇　1990 年代、香川県豊島や青森・岩手県境などで大規模産業廃棄物不法投棄事件が発覚し、産業廃棄物特別措置法が適用された。

答3 ✕　産業廃棄物の不法投棄件数は、ピーク時よりは減少したが毎年発見されている。

答4 ✕　第三次循環型社会形成推進基本計画で、目標の 1 つとして定められたのは、再商品化率である。

答5 ✕　製品の生産者が使用後のリサイクルや廃棄まで責任を負う拡大生産者責任の考え方が取り入れられている。また、消費者がルールに従って分別排出し、市町村が分別収集、事業者が再商品化するという三者の役割を定めている。

答6 ✕　対象となる家電製品は、家庭用エアコン、テレビ、電気冷蔵庫・冷凍庫、電気洗濯機・衣類乾燥機の 4 品目である。なお、消費者に家電店への引き渡しと収集・運搬・再商品化のための料金の支払いが求められている。

答7 ✕　出荷台数に対する回収率目標は 56 ％以上である。2016 年度以降回収率は増加しており、2020 年度の 4 品目合計回収率は 64.8％であった。なお、74 ％は液晶式・プラズマ式テレビの再商品化率の基準である。

答8 ✕　設問のような廃棄物は、除染廃棄物である。

答9 〇　設問のとおりである。事業者が対象であり、一般家庭は対象外である。

答10 〇　設問のとおりである。鉄などの有用物を回収した後、産業廃棄物として捨てられるプラスチック、ガラス、ゴムなどの破片の混合物である。

24 地域環境問題
25 大気汚染のメカニズム

問1 環境基本法では、大気の汚染、水質の汚濁、土壌の汚染、騒音、振動及び悪臭の6種類を公害と定義している。これらは典型6公害といわれている。

問2 クリーナープロダクションとは、低環境負荷型生産システムであり、1992年に開催された地球サミットで採択された、アジェンダ21にとりあげられた。

問3 硫黄酸化物（SOx）は、硫黄を含む石炭や石油などの化石燃料の燃焼により発生し、吸引すると中枢神経が侵されるおそれがある。

問4 硫黄酸化物（SOx）は、四日市ぜんそくの主たる原因となった。

問5 窒素酸化物（NOx）は、燃料を低温で燃やすことで燃料中や空気中の窒素と酸素が結びついて発生する。排出元として、工場・火力発電所などを大型発生源、自動車などを小型発生源とする。

問6 揮発性有機化合物（VOC）は自動車の燃料になるが、酸素と結合して化学反応を起こし、有害物質となる。

問7 揮発性有機化合物（VOC）と窒素酸化物（NOx）は、大気中で化学反応を起こし光化学スモッグの原因となる。

問8 目の痛みや吐き気、頭痛などの健康被害を引き起こす光化学スモッグは、日差しが弱く気温の低い日に発生しやすい。

問9 浮遊粒子状物質（SPM）は、工場などからのばいじんや粉じん、ディーゼル車の排出ガス中の黒煙などから排出され、呼吸器に悪影響を与える。

問10 アスベスト（石綿）は、天然に産する繊維状鉱物で、繊維が極めて細かいため、大気中に飛散しやすい。人間が吸引すると肺に達し、じん肺・肺繊維症・肺がん・中皮腫などの原因になるとされている物質である。

答1 ✕ 1993年制定の環境基本法が定義する7つの公害は、大気の汚染、水質の汚濁、土壌の汚染、騒音、振動、地盤沈下及び悪臭で、典型7公害といわれている。

答2 〇 クリーナープロダクションは、エンドオブパイプとは異なり、生産工程の上流から対策を講じて環境への負荷を削減するものである。

答3 ✕ 硫黄酸化物（SOx）は、呼吸器系の疾患を引き起こすおそれがある。中枢神経に悪影響を及ぼす物質は有機水銀などである。

答4 〇 主に工場・火力発電所より排出される硫黄酸化物は、気管支ぜんそくなどの呼吸器系の疾患を引き起こすおそれがあり、四日市ぜんそくの主たる原因となった。

答5 ✕ 窒素酸化物（NOx）は燃料を高温で燃やすことで発生するので、工場の排煙や自動車の排出ガスなどに含まれる。排出元としては、工場・火力発電所などを固定発生源、自動車などを移動発生源とする。

答6 ✕ 揮発性有機化合物とは、揮発性を有し大気中で気体状となる有機化合物の総称。トルエンなど多種多様な物質があり、塗料やインクといった溶剤に含まれる。

答7 〇 揮発性有機化合物と窒素酸化物は、大気中で太陽からの紫外線を受けて化学反応を起こし、光化学オキシダントを生成し、光化学スモッグの原因となる。

答8 ✕ 光化学スモッグの原因物質である光化学オキシダントは、NOxやVOCが太陽光を受けて反応するので、日差しが強く気温の高い日に発生しやすい。

答9 〇 浮遊粒子状物質（SPM）は、極めて微小、軽量で大気中に浮遊しやすく、工場などからのばいじんや粉じん、ディーゼル車の排出ガス中の黒煙などに含まれ、呼吸器に悪影響を与える。

答10 〇 1970年代からアスベストの危険性が指摘され、2006年には製造や輸入、使用が全面禁止となった。関連疾患の潜伏期間が極めて長く、40年になることもあり、現在の健康彼害は過去の暴露（ばくろ）が原因となっていると考えられる。

26 大気環境保全
27 水質汚濁のメカニズム

問1 環境基準を確保する上で許容される排煙・排ガス等の総排出量を、地域として算定し、それを地域内の工場などに配分する形で総排出量を規制することを、排出量取引制度という。

問2 自動車NOx・PM法は、自動車排ガスに含まれる窒素酸化物、粒子状物質などの排出濃度について規制をしている。

問3 一般環境大気測定局、自動車排出ガス測定局が全国に整備され、環境基準の達成状況が把握されている。

問4 大気汚染の状況は、環境省大気汚染物質広域監視システム「はやぶさ君」によって、インターネット上でほぼリアルタイムの情報提供がなされている。

問5 工場等からの排気や排水が環境に放出される排出口で、何らかの処理をすることによって環境負荷を軽減する方法は、クリーナープロダクションの公害対策技術と呼ばれている。

問6 閉鎖性水域では、外部との水の交換が少ないため、水質汚濁が進行しにくい。

問7 日本で初めて水質汚濁が社会問題となったのは、明治時代に発生した足尾銅山鉱毒事件である。

問8 赤潮とは、海域や湖沼において、窒素化合物やリン酸塩などの栄養塩類が過剰に供給され、プランクトンの異常繁殖により海水が変色する現象のこと。

問9 ベンゼンやトリクロロエチレンなど有機化合物が過剰に供給されて、プランクトンなどの生物が増えやすい状態になることを富栄養化と呼ぶ。

問10 生活環境項目の指標であるBODは、化学的酸素要求量（水中の汚染物質を化学的に酸化し安定させるのに必要な酸素の量）のことで、主に海域や湖沼の汚染指標として用いられる。

答1 ✗　設問は、大気汚染防止法及び自動車 NOx・PM 法において定められている、総量規制のことをいっている。

答2 ✗　自動車 NOx・PM 法による自動車排出ガスに含まれる窒素酸化物・粒子状物質の排出の抑制は、排出基準を満たさない車両の通行禁止・登録規制などで行われる。排出濃度ではない。

答3 ○　設問のとおりである。大気汚染の状況は、日本各地に設置された 2 種類の測定局で、常時把握されている。

答4 ✗　環境省が提供している大気汚染物質広域監視システムの名前は「そらまめ君」である。インターネット上でほぼリアルタイムに確認することができる。

答5 ✗　環境負荷を軽減する方法は、エンドオブパイプ型の公害対策技術である。クリーナープロダクションは、低環境負荷型生産システムのことである。

答6 ✗　閉鎖性水域とは、内湾や湖沼などの水の出入りが少ない水域のことで、外部との水の交換が少ないため、産業排水、生活排水などにより水質汚濁が進行しやすい。

答7 ○　その後、昭和の高度経済成長期に重化学工業が発達し、水俣病やイタイイタイ病などの公害病が発生し、社会問題となった。

答8 ○　主に閉鎖性水域において、プランクトンの異常繁殖により海水が変色する現象である。なお、湖沼水が緑色に変色する現象はアオコである。

答9 ✗　富栄養化は、ベンゼンなどの有機化合物ではなく、窒素化合物やリン酸塩などの栄養塩類が長年にわたって供給されて、プランクトンなどの生物が増えやすい状態になることをいう。

答10 ✗　BOD は Biochemical Oxygen Demand の略で、生物化学的酸素要求量であり、主に河川の汚染指標として用いられる。設問は COD（Chemical Oxygen Demand／化学的酸素要求量）のことである。

㉘ 水環境保全
㉙ 土壌・地盤環境

問1　水質汚濁防止法などによる規制や下水道などによる汚水処理が効果を上げており、ほとんどすべての水域で生活環境項目に関する水質環境基準を達成している。

問2　水質汚濁防止法は、河川、湖沼、沿岸などの公共用水域の水質汚濁防止が目的で排水規制を行っているが、地下へ汚水を浸透させることは禁止されていない。

問3　農用地から排出される揮発性有機化合物（VOC）は地下水汚染の主要原因の1つであり、対策が重要となっている。

問4　人口と産業が集中して汚濁が進みやすい東京湾、伊勢湾、瀬戸内海や有明海・八代海など対策が必要な水域に注目して制度がつくられ、水質総量規制などの対策が進められている。

問5　近年は、地下水の取水量が減少したため、地盤沈下は沈静化している。

問6　カドミウム、有機水銀、鉛、六価クロムなどの有害物質が含まれた排水の処理には、物理化学的方法の活性汚泥法が広く採用されている。

問7　下水・汚水の処理方法のうち、バクテリアや原生生物を利用した処理法を活性汚泥法という。

問8　分流式下水道とは、汚水と雨水を別々の管で処理する下水道のことで、大量降雨時に汚水の一部が放流されてしまうという問題がある。

問9　日本では下水道が完備され、家庭から排出される汚水はすべて、下水道により処理されている。

問10　人類共通の財産である水が健全に循環し、その恩恵を将来にわたり享受できるよう、2014年に水循環基本法が制定された。

答1 ✕ 生活環境項目の水質環境基準の達成は、湖沼においては低調に推移しており、課題となっている。

答2 ✕ 汚水を地下へ浸透させることも規制対象としている。

答3 ✕ 地下水汚染の主原因のうち、農用地を排出源とするのは有機リン化合物（農薬）である。揮発性有機化合物は、機械工場やクリーニング店より排出される。

答4 ○ 水質汚濁防止法及び各水域に対する特別措置法に基づき、総合的な施策が行われている。水質総量規制とは、有機性の汚水や窒素、リンの排出総量を計画的に抑制するもの。

答5 ○ 高度経済成長期と比較すると地下水の取水量が減少し、ほぼ沈静化している。地下水の取水のほかに、地震、土木工事、天然ガス開発が原因となる事例もある。

答6 ✕ 活性汚泥法はバクテリアを活用する生物化学的方法で、有機性の汚濁物質を多く含む家庭排水、食品工場などからの下水・汚水の処理に利用される。有害物質の除去には適さない。

答7 ○ 活性汚泥法は、有機性の汚濁物質を多く含む排水を、バクテリアなどを繁殖させる生物化学的なやり方で処理する方法。

答8 ✕ 大量降雨時に、未処理汚水が放流され問題となっているのは、合流式下水道である。

答9 ✕ 日本の下水道の汚水処理人口普及率（2021年）は、合併処理浄化槽での処理を含めても92.6％であり、未だに約930万人が汚水処理施設を利用できない状況である。

答10 ○ 2014年の水循環基本法により、健全な水循環を維持するための仕組みが整えられた。

30 騒音・振動・悪臭
31 都市化と環境

問1 □□
騒音に関わる苦情件数の半数は、道路や鉄道騒音に関わるものであり、訴訟に発展したケースもある。

問2 □□
過去とは異なり現在では、騒音・振動・悪臭についての苦情はほとんどみられなくなっている。

問3 □□
住宅や商業施設、企業・工場などの密集による騒音・振動・悪臭などが感覚を刺激して、人によっては不快と感じる感覚公害が生じる。

問4 □□
光害とは、日差しが強い日に、光化学スモッグによって、特に目の痛み、頭痛などの健康被害が引き起こされることをいう。

問5 □□
日本では近年、人口減少や高齢化に伴い、地方都市の中心市街地の衰退、都市のスポンジ化やスプロール化が問題となっている。

問6 □□
地面がコンクリートやアスファルトに覆われた都市部では、短時間に大量の雨が降った場合、一気に低地に流れていくことで都市型洪水が発生する。

問7 □□
住宅や職場、店舗、公共施設など、生活に必要な機能を効率的に活用できるように集中配置し、自動車を使わなくても日常生活ができるようなまちづくりをスマートシティという。

問8 □□
「エコまち法」は、都市における生活・経済活動に起因して排出される大気汚染物質をまちづくりによって削減しようとする取り組みを推進している。

問9 □□
貨物輸送をトラックから鉄道・船舶へ切り替えたり、一般の人の移動を自家用車からバス・鉄道に切り替えたりすることをモーダルシフトという。

問10 □□
シックハウス症候群は、住宅や商業施設、工場などの密集による騒音・振動・悪臭などが人の感覚を刺激して、不快と感じることである。

答1 ✕　建設作業、工場や事業場からの騒音が、苦情件数全体の大半を占める。

答2 ✕　悪臭の苦情は2004年以降減少傾向にあるが一定数あり、騒音・振動の苦情件数は、ほぼ横ばいで推移している。なお、在宅時間が増えた2020年は、騒音・振動・悪臭ともに苦情が増加した。

答3 ○　騒音・振動・悪臭などは、都市生活型公害といわれ、人によって感じ方が異なる感覚公害の側面がある。

答4 ✕　光害は、夜間の光の量が多いために起こる悪影響のこと。都市化、交通網の発達などにより屋外照明が増加することで、まぶしさといった不快感、動植物への影響、天文観測への影響が発生することをいう。

答5 ○　設問のとおりである。スポンジ化は、スポンジの穴のように都市に未利用地が増えること。スプロール化は、都市が郊外に無秩序、無計画に広がっていくこと。

答6 ○　都市型洪水は、アスファルトなど地表面被覆の人工化によって土壌の貯水機能や滞留機能が失われ、一気に低い箇所に流れることによって生じる。

答7 ✕　日常生活に必要な機能を中心部に集めることで、市街地を無秩序に拡散させず、自動車をあまり使わなくとも、日常生活ができるような空間配置を目指したまちづくりのことをコンパクトシティという。

答8 ✕　生活・経済活動に起因して排出される二酸化炭素を、削減しようとする取り組みを推進している。

答9 ○　設問のとおりである。モーダルシフトによって、環境負荷を低減することができる。

答10 ✕　設問の内容は、シックハウス症候群ではなく、感覚公害の説明である。

➡公式テキスト P.158〜159

㉜ 交通と環境

問1
大気汚染物質や二酸化炭素排出を削減する方法として、自動車（トラック）による貨物輸送を鉄道・船舶へ、マイカー移動をバス・鉄道へと切り替えることを、エコドライブという。

問2
カーシェアリングとは、同じ日に同じ方向へ向かう人が1台の車に相乗りすることで、交通量を削減する効果が期待できる。

問3
自動車の運転操作の工夫や注意により、排気ガスやガソリン消費などの環境負荷を低減した車の運転を行う取り組みのことを、ロードプライシングという。

問4
航空、自家用乗用車、バス、鉄道のうち、旅客の輸送量当たりのCO_2排出量（2019年度）が最も多いのは、航空である。

問5
環境負荷の小さい自動車に対して自動車重量税を減税する優遇制度は、エコカー減税である。国は、エコカー減税やグリーン化特例を行って、エコカーの普及を推進している。

問6
天然ガス自動車、電気自動車、ハイブリッド自動車、クリーンディーゼル乗用車のうち、走行中に排ガスが出ないのは天然ガス自動車である。

問7
最寄りの駅、バス停までは自動車を利用し、そこからは電車やバスに乗り換え目的地まで移動することを、パークアンドライドという。

問8
モーダルシフトとは、道路渋滞、大気汚染対策として、大都市中心部や混雑時間帯での自動車利用者に料金を課し、交通量を削減する取り組みである。

問9
自動車の排出ガスに含まれている窒素酸化物（NOx）、粒子状物質（PM）は、光化学スモッグや酸性雨の原因とされている。

問10
ITS（高度道路交通システム）を活用することにより、情報通信技術を用いて交通渋滞を避けるなど、道路交通問題を解決して、効率化を図ることができる。

答1 ✕　貨物輸送を自動車（トラック）から鉄道・船舶へ、一般の人々のマイカー移動をバス・鉄道移動へと切り替えて環境負荷を削減する方法は、モーダルシフトである。

答2 ✕　カーシェアリングとは、1台の自動車を複数の会員が共同で利用する自動車の利用形態で、自動車を保有せず必要な時のみ借りる。自動車での移動距離が短くなる効果も期待される。

答3 ✕　アイドリングストップやふんわりアクセルなど運転操作の工夫や注意により、環境負荷の軽減に配慮した車の運転を行う取り組みのことを、エコドライブという。

答4 ✕　最も多いのは、自家用乗用車である。次に多いのが航空で、バス、鉄道の順となっている。

答5 ○　車体課税のグリーン化特例とは、環境性能の優れた自動車の税を減免する一方、新車登録から一定年数を経過した自動車の税を重くする制度のことである。

答6 ✕　走行中に排ガスが出ないのは、電気自動車である。

答7 ○　パークアンドライドは、最寄り駅やバス停までは自動車を利用し、そこから電車やバスに乗り換え目的地まで移動する方式。自動車での移動距離を少なくして二酸化炭素の排出量を削減することができる。

答8 ✕　都市中心部や混雑時間帯での自動車利用者に料金を課し、交通量の削減を促す取り組みは、ロードプライシングである。

答9 ○　特に自動車の多い大都市では影響が大きいため、自動車の排出ガスに含まれる窒素酸化物、粒子状物質の排出量の少ない自動車の使用を促進するために、自動車NOx・PM法が制定された。

答10 ○　設問のとおりである。ITS（Intelligent Transport Systems）のほかに、ETCやカーナビゲーションの普及も渋滞の回避となる。

33 ヒートアイランド現象

問1 ☐☐ ヒートアイランド現象とは、気流が山を越えて下ってくる風下側で発生し、空気が乾燥し、気温が高くなる現象である。

問2 ☐☐ ヒートアイランド現象の原因には、建築物や自動車からの人工排熱の増加、緑地の減少とアスファルトやコンクリート面の拡大、密集した建物による風通しの阻害などが挙げられる。

問3 ☐☐ 東京では、30℃以上になる時間数が 1980 年代と比べて 2 倍ほどになっている。

問4 ☐☐ ヒートアイランド現象により、冷房負荷の増大、植物の生育への影響といった被害が現れているが、熱中症の増加などの健康への影響はこれに当たらない。

問5 ☐☐ 1 日の最高気温が 30℃以上の日を、猛暑日という。

問6 ☐☐ 雨水などを地下に浸透させ地下水を涵養(かんよう)することは、ヒートアイランド対策としても有効である。

問7 ☐☐ ヒートアイランド対策のうち緩和策の 1 つとして、地表面からの輻射熱を削減するための遮熱性舗装・保水性舗装の施工がある。

問8 ☐☐ 一定規模以上の敷地を持つ新築・改築建築物の屋上緑化を義務づけている自治体がある。

問9 ☐☐ 緑のカーテンとは、ツル性の植物をネットに這わせて日差しを遮る取り組みで、直射日光を遮ることで室内気温の上昇を抑え、冷房に必要なエネルギー使用量の減少につなげることができる。

問10 ☐☐ クールスポットとは、夏に軽装でエアコン設定を適温にすることで電力使用を抑え、CO_2 削減を推進するビジネススタイルを指す言葉である。

答1 ✕ ヒートアイランド現象は都市部の熱汚染現象であり、夏季の気温上昇で熱中症の増加、冷房によるエネルギー消費増加などの影響が生じている。気温を等温線で表すと島のように見えるのでヒートアイランド現象と呼ばれる。

答2 ○ 人工排熱の増加（建物や工場、自動車などの排熱）、地表面被覆の人工化（緑地の減少とアスファルトやコンクリート面などの拡大）、都市形態の高密度化（密集した建物による風通しの阻害や天空率の低下）の3つが挙げられる。

答3 ○ 東京で30℃以上となる時間数は、1980年代前半は年間200時間ほどであったが、最近では約2倍になっており、その範囲も郊外に広がっている。

答4 ✕ ヒートアイランド現象により、健康（熱中症増加）、生活（冷房負荷が増えてエネルギー消費増大）、植物（生育へ影響）などにさまざまな影響が現れている。

答5 ✕ 1日の最高気温が、25℃以上は夏日、30℃以上は真夏日、35℃以上は猛暑日である。

答6 ○ 雨水や河川の水を地下へ浸透させて帯水層に水を供給する地下水涵養の促進は、地盤沈下を防止できるほか、ヒートアイランド対策としても有効である。

答7 ○ 緩和策としては地表面からの輻射熱削減のほかに、人工排熱量を低減するための建物の省エネルギー推進や交通渋滞の緩和、地下水涵養を確保するための透水性舗装の普及などもある。

答8 ○ 行政によるヒートアイランド対策としては、東京都が一定規模以上の敷地を持つ新築・改築建築物の屋上緑化を義務づけており、この対策はほかの自治体にも広がっている。

答9 ○ 緑のカーテンとは、ゴーヤやアサガオなどのツル性の植物をネットに這わせて建物の壁面を覆い日差しを遮る取り組みのことで、葉の蒸散作用により、建物内の気温低下が期待できる。

答10 ✕ クールスポットは、夏の暑さ対策として創出された、樹木による木陰や人工的なミストの噴霧、広場の噴水など、涼しく過ごせる場所のことである。

問題編

第3章

環境問題を知る

34 化学物質のリスク評価

問1 『沈黙の春』は、1972年、ローマクラブが発表したレポートで、100年以内に人類の成長は限界点に達すると警告した。

問2 「カネミ油症事件」は、米ぬか油の中にPCBが混入したことによる食中毒事件で、この事件を契機に制定された「化審法」により、PCBの製造・輸入・使用が禁止された。

問3 DDTはエアコンや冷蔵庫の冷媒や発泡剤として使われており、オゾン層を破壊する性質や、強力な温室効果を持つため、漏洩抑制のための管理や製品使用後の回収・破壊措置が講じられている。

問4 住宅用の塗料や接着剤に含まれる化学物質が主な原因となって、目やのどの痛みなどの症状が現れることを、シックハウス症候群という。

問5 揮発性有機化合物の一種で毒性が強く、粘膜を刺激するため、シックハウス症候群の原因となる化学物質は、光化学オキシダントである。

問6 環境基準とは、シックハウス症候群などの対策として、原因化学物質に対して定められた室内濃度の指針値のことである。

問7 化学物質を起因とする環境リスクの大きさは、その化学物質の有害性と暴露量（呼吸、飲食、皮膚接触などの経路で体内に取り込まれる量）で決まる。

問8 環境政策や企業の環境への取り組みに当たって計画、実施、点検、見直しを行うことをテクノロジーアセスメントという。

問9 1968年に発生した「カネミ油症事件」は、米ぬか油の中に製造ラインの熱媒体として使用されていたDDTが混入したことが原因であった。

問10 有害化学物質がどのような発生源からどのくらい環境中に排出されたか、あるいは廃棄物に含まれて事業所の外に運び出されたかというデータを、把握・報告・集計し、公表する仕組みをPRTR制度という。

答1 ✕ 『沈黙の春』は、1962年、レイチェル・カーソンが著した書物で、農薬など化学物質による人の健康や生態系への影響について警告を発した。

答2 ○ 1968年、「カネミ油症事件」が発生して社会問題となり、原因物質のPCB（ポリ塩化ビフェニル）は、製造・輸入・使用が原則禁止となった。

答3 ✕ DDTとは、第二次世界大戦後、殺虫剤として世界中で広く使われていた農薬の成分で、現在世界で使用の制限や禁止がなされ、日本では製造と輸入が禁止されている。設問はフロンである。

答4 ○ シックハウス症候群とは、ホルムアルデヒドやトルエンなどの揮発性有機化合物が主な原因となって、目やのどの痛みなどの症状が現れることである。

答5 ✕ シックハウス症候群の原因となるのは、住宅用の塗料や接着剤に含まれる揮発性有機化合物（VOC）である。

答6 ✕ シックハウス症候群などの対策として、ホルムアルデヒドなどの化学物質に対して定められた室内濃度の指針値は、室内化学物質濃度指針値である。

答7 ○ 「環境リスク＝有害性（毒性の強さ）×人の暴露量（摂取量）」である。

答8 ✕ 環境政策や企業の環境への取り組みに当たって計画、実施、点検、見直しを行うことをリスク評価（リスクアセスメント）という。

答9 ✕ DDT（ジクロロジフェニルトリクロロエタン）ではなく、PCB（ポリ塩化ビフェニル）混入が原因であった。これによりPCBの毒性が社会問題となった。

答10 ○ 設問の通りである。化管法（化学物質排出把握管理促進法）で、PRTR制度とSDS制度が規定されている。

㉟ 化学物質のリスク管理・コミュニケーション

問1
ダイオキシンは温室効果ガスの1つで、家畜の消化管内での発酵や廃棄物の埋め立てなどから発生する。一方でバイオガス発電の原材料として注目されている。

問2
WSSD2020目標とは、持続可能な開発に関する世界首脳会議（WSSD）（ヨハネスブルグサミット）で合意された、化学物質に関する中長期目標である。

問3
化学物質の製造事業者等は、化管法に基づき、排出する廃棄物の処理を委託する際、委託先にマニフェストを提供しなければならない。

問4
PRTR制度は、製品のメーカーに対し、原料の調達から製造、使用、廃棄までの製品のライフサイクル全体での化学物質による環境負荷を管理することを求めている。

問5
SDS制度は、個別の化学物質について、特性及び取り扱いに関する情報を、出荷の際に相手方に交付することを義務づける制度である。

問6
PRTR制度とSDS（セーフティデータシート）制度の2つが、レスポンシブル・ケア活動の柱である。

問7
POPs条約は、環境中で分解しにくく、生物体内に蓄積しやすい残留性有機汚染物質の廃絶・制限などに向けて、国際的に協調して取り組む制度である。

問8
水俣条約では、環境中へのDDT排出を抑制することが定められている。

問9
REACH規則とは、年間1t以上の化学物質の輸出入をする事業者に、扱う化学物質の登録を義務づけたものである。

問10
リスクコミュニケーションとは、化学物質が人や環境に与える影響（リスク）の情報を関係者（住民、企業、行政など）が共有し、対話などを通じて、リスクを低減していく試みである。

答1 × ダイオキシンは、ごみ焼却炉、たばこの煙、自動車排ガスなどから発生する物質である。自然環境中で分解されにくく強い毒性があり、健康や生態系への悪影響が懸念される。

答2 ○ 2002年のヨハネスブルグサミットで、「2020年までにすべての化学物質を健康や環境への影響を最小化する方法で生産・利用する」とするWSSD2020目標が合意された。

答3 × 化管法（化学物質排出把握管理促進法）が事業者に提供を求めるものは、マニフェストではなくSDS（Safety Data Sheet）である。

答4 × PRTR制度は、特定の化学物質について、環境中への排出量や廃棄物処理に伴い事業所の外に移動する量を、事業者が自ら把握して行政庁に報告する制度で、製品のライフサイクル全体での環境負荷を管理するものではない。

答5 ○ SDS制度は、個別の化学物質について安全性や毒性に関するデータ、取り扱い方、救急措置などを、出荷の際に相手方へ提供することを義務づける制度のことである。

答6 × 設問の内容は、化管法である。レスポンシブル・ケア活動とは、環境保全と安全、健康を確保し、活動成果を公表し、社会との対話・コミュニケーションを行う、化学物質を取り扱う会社の自主的な活動である。

答7 ○ 環境中で残留性が高い、PCBなど28物質の削減や廃絶に向けて、製造・使用・輸出入の原則禁止などを求めている。

答8 × 水俣条約は、人の健康と環境の安全のために、水銀の産出、使用、環境への排出、廃棄、貿易など、そのライフサイクル全般にわたる包括的な規制を定めた条約。

答9 × REACH規則は、年間1t以上の化学物質を製造・輸入する事業者に、扱う化学物質の登録を義務づけたもので、2007年EUで導入された。化学物質の情報開示が大きく進展した。

答10 ○ 工場見学や住民説明会などの場合が多いが、意見交換などのコミュニケーションを重視するプログラムも増えている。

36 東日本大震災と原子力発電所の事故
37 放射性物質による環境汚染への対処

問1 □□ 事故後の2011年8月、放射性物質汚染対処特措法が制定され、国と市町村は、直ちに放射性物質で汚染された土壌などの除染に着手した。

問2 □□ 東日本大震災の津波による福島第一原子力発電所の事故で大量の放射性物質が放出され、広範囲に環境が汚染され、放射性物質で汚染された廃棄物が発生した。

問3 □□ 2011年の福島第一原子力発電所の事故に伴って放出された放射性物質による環境汚染では、放射性物質が、雨水とともに下水処理場に流入し、処理時に発生する汚泥などに濃縮されるという問題が起きた。

問4 □□ 東日本大震災では、建物の倒壊や火災などによる大量の瓦礫（がれき）に加えて、津波で運ばれた砂や泥が特別管理一般廃棄物に加わり、深刻な問題となった。

問5 □□ 福島第一原子力発電所の事故は、国際原子力事象評価尺度では最大の「レベル7（深刻な事故）」で、世界で3例目である。

問6 □□ 地表に沈着した放射性物質が発する放射線からの内部被ばくと、農産物や水産物に移行した放射性物質の食物経由の外部被ばくを防止する措置が重要となった。

問7 □□ 食品による内部被ばくを防ぐため、厚生労働省は2011年に食品に含まれる放射性物質について暫定規制値を定め、これを上回る食品の出荷規制を行った。

問8 □□ 福島県内の除染により発生した汚染土壌などは、福島第一原子力発電所周辺に設置される最終処分場に搬入されることになっている。

問9 □□ 飲料水による内部被ばくを防ぐため、暫定基準を定めたが、それを上回る放射性ヨウ素131が東京都の水道水から検出され、原発事故の影響が広範囲に及んだことが示された。

問10 □□ 原発事故直後に、放射性物質を含んだ空気塊が通過した地域では、内部被ばくを含めた初期被ばくに注意する必要がある。

答1 ○　放射性物質汚染対処特措法は、関係主体の責務を定め、放射性廃棄物の処理と、放射能に汚染された土壌などの汚染の処理について枠組みを定めたもの。

答2 ○　設問のとおりである。大気中に放出された放射性物質は風で運ばれ、雨や雪で地表に降下して土壌に沈着し、広範囲の環境汚染を引き起こした。

答3 ○　地表に沈着した放射性物質は、雨水とともに下水処理場へ流入し、放射性物質で汚染された下水処理汚泥の発生という新たな問題を引き起こした。

答4 ×　瓦礫と津波堆積物（砂や泥）は、災害廃棄物である。

答5 ×　福島第一原子力発電所の事故は、国際原子力事象評価尺度（INES）で、1986年のチェルノブイリ原子力発電所の事故に次いで世界で2例目である。

答6 ×　内部被ばくと外部被ばくの説明が逆である。

答7 ○　暫定規制値に適合している食品は、健康へ影響はないと評価され、安全は確保されていたが、より一層、食品の安全と安心を確保する観点から、暫定規制値で許容していた線量年間5mSvから年間1mSvに基づく基準値に強化した。

答8 ×　福島第一原発周辺の中間貯蔵施設に搬入されたあと、県外で最終処分を行うという方針となっている。

答9 ○　設問のとおりである。摂取頻度の高い「飲料水」については10Bq/kgと従前の20分の1という非常に厳しい数値が設定された。

答10 ○　設問のとおりである。放射性物質を含んだ空気塊は、放射性プルームともいう。

㊳ 災害廃棄物
㊴ 放射性廃棄物

問1 □□ 原子力発電所の事故では、大量の放射性物質が環境中に放出され、地表に降下した放射性物質が土壌に沈着し、広範囲の環境汚染を引き起こす。

問2 □□ 地震や土砂くずれなどの災害に伴って発生した、がれきや金属くず等は「特別管理廃棄物」として、他のものと混合させないなどの厳しい管理が求められる。

問3 □□ 震災や津波で発生した、がれきや金属くずなどの災害廃棄物は、特別管理廃棄物とみなされて市町村が処理を行うこととされている。

問4 □□ 指定廃棄物とは、福島第一原子力発電所の事故で放出された放射性物質により汚染された廃棄物のうち、放射能濃度が 8,000 シーベルト（Cv）/kg を超えるもので、国が直接に責任を持って処理を行うこととされている。

問5 □□ 東日本大震災で発生した福島第一原子力発電所事故における、大量の放射性物質の環境中への放出により引き起こされた汚染を除去する過程で発生した、表土や枝葉、草木などの廃棄物のことを除染廃棄物という。

問6 □□ 日本では放射性廃棄物の種類は、含まれる放射能のレベルにより、高レベル放射性廃棄物と低レベル放射性廃棄物に大別される。

問7 □□ クリアランスレベルとは放射性廃棄物とみなす下限値のことである。

問8 □□ 東日本大震災の2か月後の2011年5月に、東日本大震災に係る災害廃棄物の処理指針が提示された。

問9 □□ 使用済み核燃料の再処理から生じる高レベル放射性廃棄物は、特別な容器に入れ、地下数百メートルより深い地中に埋設処分する、乾式貯蔵が予定されている。

問10 □□ 科学的特性マップは、放射性廃棄物の処分場を示したものである。

答1 ○ 設問のとおりである。また、放射性物質が雨水とともに下水処理場に流入し、処理時に発生する汚泥などに濃縮されるという問題も起こる。

答2 × 地震や土砂くずれなどの災害に伴って発生した、がれきや金属くず等は、災害廃棄物である。

答3 × 災害廃棄物は一般廃棄物とみなされ、通常は市町村が処理を行うが、東日本大震災による沿岸部の被害は甚大で、市町村が県に委託することもあった。特別管理廃棄物は、毒性や感染性、爆発性など有害な廃棄物のこと。

答4 × 指定廃棄物は事故で放出された放射性物質により汚染された廃棄物のうち、放射能濃度が 8,000 ベクレル（Bq）/kg を超えるものである。

答5 ○ 設問のとおりである。除染で除去される土壌や除染作業で生じるものを、除染廃棄物という。

答6 ○ 日本の場合、使用済み核燃料を再処理した後に残る放射能レベルが極めて高い廃棄物が高レベル放射性廃棄物、それ以外は低レベル放射性廃棄物となる。

答7 ○ 放射性廃棄物の放射能のレベルが極めて低いものは、クリアランスレベルを確実に下回ることを国が確認すれば再生利用などを可能にする制度がある。

答8 ○ 東日本大震災に係る災害廃棄物の処理指針（マスタープラン）が提示され、がれきの仮置き場への搬入後の分別、処理・処分の考え方の大枠が示された。

答9 × 高レベル放射性廃棄物は地下数百メートルより深い地中に埋設する地層処分をすることが法律で定められた。乾式貯蔵とは、使用済み核燃料をキャスクと呼ばれる特別な容器に入れて空冷する方法。

答10 × 科学的特性マップに示されているのは、高レベル放射性廃棄物の地層処分場の調査対象となりうる地域である。

01 持続可能な日本社会への実現
02 環境保全への取り組み

問 1　環境基本法は、環境の保全について基本理念を定め、国、自治体、事業者、国民の役割分担を示した上で、現在及び将来の国民の健康で文化的な生活の確保への寄与と人類の福祉への貢献を目的としている。

問 2　環境基本法の基本理念で示されているのは日本国内に関することのみで、地球環境問題への取り組みについては触れられていない。

問 3　1994 年策定の第 1 次環境基本計画が掲げた 4 つの長期的目標は循環、共生、参加、国際的取組だが、ここでいう循環とは、健全な生態系が維持、回復され、自然と人間との共生が確保されることである。

問 4　2018 年策定の第 5 次環境基本計画は、環境、経済、社会の統合的な向上を図りながら持続可能な社会を目指すとしている。

問 5　第 5 次環境基本計画では、地域内エコシステムの考え方を提唱している。

問 6　PPP とは、汚染者負担原則のことである。

問 7　製品の生産者は製品の使用後の廃棄・リサイクルの段階まで製品に伴う環境負荷に責任を持つべきであるという考え方を無過失責任という。

問 8　未然防止原則とは、例えば、地球温暖化において科学的に不確実なことを理由として、重大な事態が起こるかもしれない地球温暖化対策実施を遅らせてはならないとする原則のことである。

問 9　汚染物質対策や廃棄物対策は、排出段階よりも製品設計や製法の段階で講ずることを優先すべきという原則を、エンドオブパイプ型対策という。

問 10　協働原則とは、公共主体が政策づくりを行う際、企画、立案、実行の各段階において、関係する民間の各主体の参加を得て行わなければならないという原則のこと。

答1 ○　1992年の地球サミットをきっかけにした日本の環境問題への関心の高まりを受けて、1993年に制定された環境基本法は、国に対して環境基本計画の策定を義務づけている。

答2 ×　基本理念として国際的協調による地球環境保全の積極的推進（第5条）を掲げている。

答3 ×　環境基本計画における循環とは、自然界全体の物質循環、さまざまな生態系や社会経済活動を通じた物質循環などの、あらゆる段階において健全な循環が確保されることをいう。

答4 ○　第5次環境基本計画では、SDGsの考え方を取り入れながら6つの重点戦略を設定している。

答5 ×　第5次環境基本計画では、地域循環共生圏の考え方を提唱している。地域内エコシステムは木質バイオマス利用の施策のこと。

答6 ○　PPP（Polluter Pays Principle）は、汚染者負担原則である。汚染の防止と除去の費用は、汚染者が負担するべきという、費用負担に関する原則である。

答7 ×　拡大生産者責任である。容器包装リサイクル法では、容器包装の製造者などに再商品化（リサイクル）の義務が課されている。

答8 ×　設問の内容は、予防原則（Precautionary Principle）である。未然防止原則（Prevention Principle）とは、環境への悪影響に対して発生してから取り組むのではなく、未然に防止すべきであるという原則をいう。

答9 ×　設計・製法の段階で廃棄物対策を講ずることを優先する原則を、源流対策原則という。3Rの優先順位の考え方もこの一環と位置づけられる。エンドオブパイプ型対策は廃棄物を排出口で処理する対策。

答10 ○　1976年にドイツの環境報告書で定式化、リオ宣言で第10原則として位置づけられ、日本でも環境基本計画の長期目標の1つとして「参加」が位置づけられた。

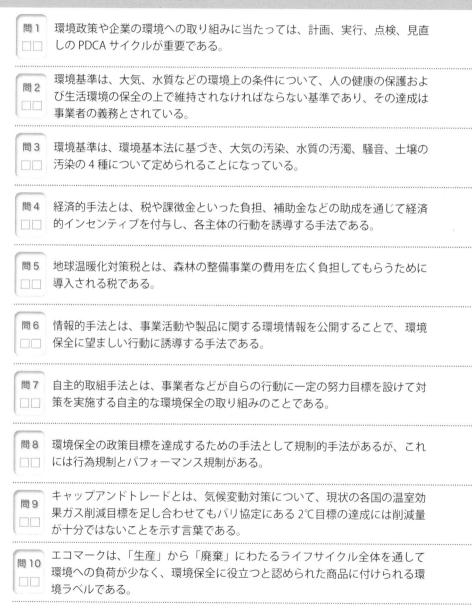

03 環境政策の計画と指標
04 環境保全のための手法

問1 環境政策や企業の環境への取り組みに当たっては、計画、実行、点検、見直しの PDCA サイクルが重要である。

問2 環境基準は、大気、水質などの環境上の条件について、人の健康の保護および生活環境の保全の上で維持されなければならない基準であり、その達成は事業者の義務とされている。

問3 環境基準は、環境基本法に基づき、大気の汚染、水質の汚濁、騒音、土壌の汚染の4種について定められることになっている。

問4 経済的手法とは、税や課徴金といった負担、補助金などの助成を通じて経済的インセンティブを付与し、各主体の行動を誘導する手法である。

問5 地球温暖化対策税とは、森林の整備事業の費用を広く負担してもらうために導入される税である。

問6 情報的手法とは、事業活動や製品に関する環境情報を公開することで、環境保全に望ましい行動に誘導する手法である。

問7 自主的取組手法とは、事業者などが自らの行動に一定の努力目標を設けて対策を実施する自主的な環境保全の取り組みのことである。

問8 環境保全の政策目標を達成するための手法として規制的手法があるが、これには行為規制とパフォーマンス規制がある。

問9 キャップアンドトレードとは、気候変動対策について、現状の各国の温室効果ガス削減目標を足し合わせてもパリ協定にある2℃目標の達成には削減量が十分ではないことを示す言葉である。

問10 エコマークは、「生産」から「廃棄」にわたるライフサイクル全体を通して環境への負荷が少なく、環境保全に役立つと認められた商品に付けられる環境ラベルである。

答1 ○ 計画（Plan）、実行（Do）、点検（Check）、見直し（Act）というPDCAサイクルが機能することが重要である。

答2 × 環境基準は、行政が公害防止に関する施策を講じていく上での目標であって、事業者などに達成義務を直接課すものではない。

答3 ○ 設問のとおりである。環境基準は、典型7公害のうち大気の汚染、水質の汚濁、騒音、土壌の汚染の4種に環境基準が定められることとなっている。

答4 ○ 税、課徴金、排出量取引制度、デポジット制度などが挙げられる。

答5 × 地球温暖化対策税とは、すべての化石燃料の利用に対し、CO_2排出量に応じた負担を求める税で、税収は省エネルギー対策、再生可能エネルギー普及などの対策に充てられている。2012年施行。

答6 ○ 事業活動の情報公開としてはPRTR制度、製品の環境情報としてはエコマーク制度をはじめとする環境ラベルがある。

答7 ○ 政府などが進捗点検を行う場合、事実上社会公約化されたものとなり、大きな効果が期待できる。

答8 ○ 具体的事例としては、自然公園法による国立公園内での行為の規制は行為規制、自動車排ガス規制はパフォーマンス規制に当たる。

答9 × キャップアンドトレードとは、温室効果ガスの排出量に上限（キャップ）枠を定め、実際の排出量が上限枠を超えた場合、その差分が上限枠を下回った主体等と取り引きする仕組みである。

答10 ○ エコマーク制度は、1989年に開始された環境ラベル制度で、公益財団法人日本環境協会が運営している。

05 環境教育と環境学習　06 環境アセスメント制度
07 国際社会の中の日本の役割

問1　ベオグラード憲章とは、1987 年、環境と開発に関する世界委員会（WCED）が、持続可能な開発という考え方を基礎とした行動に転換すべきと提唱した報告書である。

問2　2002 年のヨハネスブルグサミットで、日本政府と市民団体の共同発案に基づいて国連・ESD の 10 年（国連持続可能な開発のための教育の 10 年）：2005-2014 が提案、実施された。

問3　環境教育等促進法は、環境の保全について基本理念を定め、国、自治体、事業者、国民の役割分担を示した上で、現在及び将来の国民の健康で文化的な生活の確保への寄与と人類の福祉への貢献を目的としている。

問4　大規模な開発事業や公共事業を実施する際、環境への影響を調査、予測、評価し、自治体や住民の意見を参考にしながら、事業を環境保全上、より望ましいものにしていく仕組みを環境アセスメントという。

問5　環境アセスメントにおいて、環境への影響を調査、予測、評価する者とは、環境大臣が設置する第三者委員会をいう。

問6　環境影響評価法においてアセスメントの対象となる 13 種類に含まれる事業としては、ゴルフ場の建設、風力発電所の建設、大型遊園施設の建設などがある。

問7　環境影響評価法では、第一種事業はすべて、第二種事業では手続きを行うべきと個別に判断されたものが、環境アセスメントの手続きをしなければならない。

問8　環境アセスメントの手続きでスコーピングとは、第二種事業で、環境要素からアセスメントの項目を絞り込むことをいう。

問9　方針や位置・規模が決められた実施段階ではなく、計画段階や政策の段階で、開発事業の環境への影響を評価することを、ライフサイクルアセスメント（LCA）という。

問10　日本は、ODA により途上国における環境面や社会面での取り組みを技術的、資金的に支援するとともに、特に各国とのネットワークづくり、協力を進めてきた。

答1 × ベオグラード憲章は、環境教育の基盤となる考え方が示されたもの。1975年、国連教育科学文化機関（UNESCO）と国連環境計画（UNEP）共催の国際環境教育ワークショップで採択された。

答2 ○ 国連・ESDの10年により、環境教育やESD（Education for Sustainable Development）の進展がみられ、その後文科省と環境省によりESD活動支援センターが設置された。

答3 × 2011年に環境教育推進法を全面改訂したもので、正式名称は「環境教育等による環境保全の取組の促進に関する法律」である。環境保全活動・環境教育の推進と、幅広い実践的な人材づくりと活用などを目的としている。

答4 ○ 環境アセスメント（環境影響評価）という。1969年に米国で誕生し、日本では1972年に公共事業での実施が閣議で了解された。その後、環境影響評価法が1999年に施行され、それに基づき行われている。

答5 × 環境アセスメントにおいて、環境への影響を調査、予測、評価する者とは、開発事業を実施する事業者である。

答6 × アセスメントの対象となるのは、道路、河川、鉄道、飛行場、発電所、廃棄物最終処分場、埋め立て・干拓などの13種類で、ゴルフ場や遊園施設は含まれない。

答7 ○ 環境影響評価法では、規模が大きく環境影響が著しくなるおそれがある事業を第一種事業としてアセスメントを義務づけ、それに準ずる規模の事業を第二種事業としてアセスメントを行うかを個別に判断している。

答8 ○ 設問のとおりである。事業者がアセスメントの実施計画書である方法書を準備し、専門家や地域住民、行政機関などから意見を募り、環境要素からアセスメントの項目を絞り込むスコーピングを行う。

答9 × 戦略的環境アセスメント（SEA）である。LCAは、製品の原料調達から廃棄までの環境への影響評価のこと。

答10 ○ 環境は、日本のODA（政府開発援助：Official Development Assistance）の重点分野の1つである。

⓪① 各主体の役割分担
⓪② 国際社会の取り組み（1）

問 1 オーフス条約とは、情報へのアクセス、政策決定過程への参加、司法へのアクセスを 3 つの柱とし、環境分野における市民参加の促進を促すことを目的とした条約である。

問 2 行政機関が政策を立案し決定しようとする際に、あらかじめその案を公表し、広く国民から意見、情報を募集する手続きのことを情報公開制度という。

問 3 日本で情報公開法（行政機関の保有する情報の公開に関する法律）が制定されたのは古く、1969 年のことである。

問 4 環境基本計画の第 5 次環境基本計画では、「SDGs を活用した環境・経済・社会の統合的向上の具体化」「地域資源を最大限活用した経済・社会の向上」「幅広い関係者との連携やパートナーシップの充実・強化」の 3 点を重視している。

問 5 国連環境計画（UNEP）は、1972 年に『成長の限界』を発表し、人口増加や環境汚染がこのまま続けば 100 年以内に地球上の成長は限界に達すると警告した。

問 6 パリに本部があって、教育、科学、文化の協力と交流を通じて国際平和と人類の福祉の促進を目的とし、世界遺産の事務局などを管轄している国連の専門機関は、国連児童基金（UNICEF）である。

問 7 環境基本計画の第 5 次環境基本計画で重視している点で、「関係者との連携、パートナーシップを充実・強化」に関わりの深い取り組みは、自然公園法などに基づく捕獲規制である。

問 8 政策形成過程への市民参加に関わる制度としては、情報公開制度、パブリックコメント制度、環境アセスメント制度などがある。

問 9 経済協力開発機構（OECD）は、政策提言や加盟各国の政策レビューを行っている先進諸国の集まり。環境分野では PPP や EPR、税制のグリーン化の提言が知られる。

問 10 環境教育等促進法（環境教育等による環境保全の取組の促進に関する法律）は、官民連携事業（PPP）の取り組みの概念を法律として初めて掲げた。

答1 ○ リオ宣言の第10原則（市民参加条項）に基づき、国連欧州経済委員会（UNECE）で採択、作成された国際的な環境分野の市民参加条約である。2001年発効。現在日本は締結していない。

答2 × 設問の内容は、パブリックコメント制度（意見公募手続き）のことである。情報公開制度は、独立行政法人などを含む行政機関の保有する情報を開示請求する権利を国民に認める制度である。

答3 × 行政機関情報公開法は1999年制定、2001年施行である。2002年には、独立行政法人等情報公開法が制定・施行された。

答4 ○ 環境基本計画の第5次環境基本計画では、SDGs（持続可能な開発目標）やパリ協定の採択など国際的な大きな動きを踏まえ、設問の3点を重視している。

答5 × UNEPは、国連人間環境会議による勧告を踏まえ1972年に設立。国連システム内の環境政策の調整などを担い、SDGsなど持続可能な開発を推進する活動に積極的に関わっている。『成長の限界』はローマクラブである。

答6 × 設問の内容は、国連教育科学文化機関（UNESCO）である。

答7 × 「関係者との連携、パートナーシップを充実・強化」に関わりの深い取り組みは、参加型会議による合意形成である。

答8 ○ 設問のとおりである。2000年頃以降は市民からなる会議を設置し、一定のルールに沿って議論を進める参加型会議という手法が広く行われるようになった。

答9 ○ 環境分野においては、汚染者負担原則（PPP）、拡大生産者責任（EPR）、税制のグリーン化などの提言が知られており、日本の環境政策に対して政策レビューを行い、報告書を発表している。

答10 × 環境教育等促進法は、協働の取り組みの概念の法律である。PPPは、行政と民間が連携して、行政サービスを行い、民間の持つノウハウや技術を活用することにより、行政サービスの向上や業務効率化等を図る考え方や概念。

02 国際社会の取り組み（2） 03 国による取り組み
04 地方自治体による取り組み

問 1 人間開発報告書は、1972 年にストックホルムで開催された国連主催の初の環境問題に関する国際会議で採択され、環境問題が人類に対する脅威であり、国際協調して取り組む必要性を明言している。

問 2 国連食糧農業機関は、農薬の安全性や農作物の遺伝資源の利用と保全、森林資源や漁業資源の利用と保全などを扱う、国連の専門機関である。

問 3 地球環境ファシリティー（GEF）とは、企業の収益性に加え、企業の環境保全、人権などの社会的取り組み、企業統治を評価して行う投資のことである。

問 4 世界銀行（IBRD）は国連の専門機関であり、途上国の貧困撲滅や開発支援のための資金提供機関として、気候変動対策や生物多様性保全などの環境保全に関わる資金を提供している。

問 5 国際自然保護連合（IUCN）は民間団体、各国政府、地方公共団体が参加している半官半民の自然保護を目的とした国際的な団体で、レッドリストなどの基準を提言している。

問 6 世界気象機関は、気候変動に関する政府間パネルを UNEP と共同して運営している。また、オゾン層の状況についての国際的報告書を取りまとめて定期的に公表している。

問 7 コモンズとは、日本の入会地（いりあいち）のように共同で利用・管理される土地や空間のことをいう。

問 8 森林環境税は、林業の不振から森林の整備事業の費用を広く負担してもらうために、2003 年に導入された国税である。

問 9 企業の社会的・倫理的活動に対する行動を評価し、投資の可否を判断して行われる投資資金のことをエコマネーという。

問 10 公害防止協定制度とは、地方公共団体と企業の間で交わした公害防止に関して協定を結ぶ制度である。

1回目	2回目
／10問	／10問

問題編

第5章

各主体の役割・活動

答1 × UNDP（国連開発計画）が毎年発表し、1人当たりのGDP、平均寿命、就学率を基にした人間開発指数（HDI）を社会の豊かさを測る包括的な経済社会指標として世界各国を評価している。設問は人間環境宣言のことである。

答2 ○ 国連食糧農業機関（FAO）は、国連の専門機関である。

答3 × 地球環境ファシリティーとは、途上国等の地球環境問題への取り組みを支援する資金メカニズムである。

答4 ○ 設問のとおりである。地球環境ファシリティー（GEF）における事業の形成と管理、基金の管理なども行っている。

答5 ○ レッドリストを作成している種の保存委員会、世界国立公園会議を開催している保護地域委員会や環境教育委員会、環境法委員会などが設置されている。1948年に設立された。

答6 ○ 設問のとおりである。世界気象機関（WMO）は、気候変動に関する政府間パネル（IPCC）をUNEPと共同して運営している。

答7 ○ ローカル・コモンズ（入会地、焼畑農業など）、リージョナル・コモンズ（森林・河川資源など）、グローバル・コモンズ（大気など）に分けることもできる。

答8 × 森林環境税は2024年度から市区町村において個人住民税均等割と合わせ、1人年額1,000円が課税される国税。税収の全額が森林環境譲与税として都道府県・市区町村へ譲与される。2003年に高知県が全国で初めて導入した。

答9 × 地域通貨（エコマネー）とは、コミュニティの再生や環境保全などを目的として、その地域で発行された通貨で物品を購入することである。

答10 ○ 公害防止協定は、大気汚染などの環境汚染対策について自治体、企業、住民などの当事者の間で交わされる約束で、地域の実情に合わせた対策が実施できる。

05 企業の社会的責任

問 1　CSR（Corporate Social Responsibility）とは、途上国への政府開発援助（ODA）により途上国の環境や社会に影響が生じないように措置する活動のことである。

問 2　2010 年に発行した国際規格 ISO26000 は、企業を含む組織の社会的責任（SR）として、説明責任、透明性、倫理的行動、ステークホルダーの利害の尊重、法令遵守、国際行動規範の尊重、人権の尊重の 7 つの原則を掲げている。

問 3　環境測定結果の改ざんなどの不祥事を防止するためには、企業・団体に属するすべての者にサステナビリティ意識を徹底する必要がある。

問 4　商品の購入やサービスの利用の際に、価格、品質などの条件だけでなく、環境や社会への影響にも配慮して商品やサービスを選ぶことを社会的責任投資（SRI）という。

問 5　環境に配慮した製品やサービスを社会に提供して、社会の環境負荷低減に貢献するといった考え方は、CSV といわれる。

問 6　国連グローバル・コンパクトとは、1994 年、国際人口・開発会議（ICPD）で採択された人口問題に取り組む行動計画のことをいう。

問 7　企業行動憲章とは、日本経済団体連合会が策定した企業行動のための 10 項目からなる憲章である。

問 8　環境配慮促進法は、特定事業者（国に準じて公共性の高い事業者）には年 1 回の環境報告書の公表義務を、大企業には自主的な環境報告書の公表に努めることを規定している。

問 9　持続可能性や環境問題について、社会貢献活動として捉えることにとどまらず、ビジネスとしてのニーズを見出し、事業としての本業化を図る動きがある。

問 10　企業がコンサートや美術館などの文化事業を主催したり、資金援助をしたりすることをメセナ活動という。

答1 ✕　CSR は、企業の社会的責任といわれ、企業も社会を構成する一員として持続可能な社会の実現に向けて自らの社会的責任を果たすべきとの考え方である。

答2 ○　ISO26000 では、さらに社会的責任の7つの中核主題として、組織統治、人権、労働慣行、環境、公正な事業慣行、消費者課題、コミュニティへの参加及びコミュニティの発展を挙げている。

答3 ✕　サステナビリティではなく、コンプライアンス（法令遵守）の意識を徹底することである。

答4 ✕　社会的責任投資（Socially Responsible Investment）は、企業の社会的・倫理的活動に対する企業の行動を評価し、投資の可否を判断するような投資行動のこと。設問はグリーン購入のことである。

答5 ○　CSV（共通価値の創造）は Creating Shared Value の略で、提供する製品やサービスを通じて、社会的な問題解決に貢献するという考え方である。

答6 ✕　企業・団体が参加する国際的、自発的な CSR への取り組みのこと。人権の保護、不当な労働の排除、環境への対応、腐敗の防止の4つの分野と関連する10の原則に賛同し、実現に向けての努力が求められる。

答7 ○　環境については 2017 年、Society 5.0 実現を通じた SDGs 達成を柱として「環境問題への取り組みは人類共通の課題であり、企業の存在と活動に必須の要件として、主体的に行動する」と改定された。

答8 ○　設問のとおりである。環境配慮促進法は、2005 年に施行された。

答9 ○　SDGs にある持続可能性や気候変動対策を従来の社会貢献活動ではなくビジネスチャンスとして認識し、自社の経営戦略等に取り入れ、中核的事業として本業化を図る企業が増えつつある。

答10 ○　企業による社会貢献活動をフィランソロピーといい、その中でも、企業が社会貢献として行う芸術文化支援のことをメセナ活動という。

06 環境マネジメントシステム 07 ESG 投資の拡大
08 環境コミュニケーション

問1 環境マネジメントシステム（EMS）が誕生した背景には、さまざまな環境問題を規制だけで解決することは困難で、企業などの組織が自主的に環境への取り組みを行う必要があるとの認識が世界的に高まったことがある。

問2 エコアクション21とは、健康や環境を最優先に考え、持続可能な経済・社会を目指すライフスタイルのことをいう。

問3 ISO14001の環境マネジメントシステムは、計画、支援及び運用、パフォーマンス評価、改善というPDCAサイクルに沿って継続的な改善を行うことが特徴である。

問4 ISO14001やエコアクション21では、環境マネジメントシステムが基準に適合しているかの判定は自らの組織内で行うこととされ、第三者認証は行わない。

問5 EMSの改善の対象例として、製造業では製品やサービスの省エネ化、長寿命化などが挙げられる。

問6 トリプルボトムラインとは、環境測定結果の改ざんなどの不祥事を防止するために、企業・団体に属するすべての者が持つべき意識のことをいう。

問7 企業が自らの事業活動に伴う環境負荷の大きさや、その影響を低減するための取り組み状況をとりまとめて公表するものを第三者意見書という。

問8 プレッジ・アンド・レビューとは、事業者の環境への取り組みに関する方針、目標などを誓約として公表することであり、社会がその状況を評価する効果が働く。

問9 企業の収益性に加え、企業の環境保全、人権などの社会的取り組み、企業統治を評価して行う投資をフィランソロピーという。

問10 「でんきを消して、スローな夜を」のかけ声から始まったスローライフに関連した環境イベントは、100万人のサイレントナイトである。

答1 ○ 環境マネジメントシステム（EMS：Environmental Management Systems）は、環境を自ら継続的に改善するための仕組みを定めたものである。1996年には、代表的な国際規格であるISO14001が発行された。

答2 × エコアクション21は、中小企業を対象とした日本独自の環境マネジメントシステム（EMS）である。環境省がガイドラインを策定し、2004年より認証が始まっている。

答3 ○ PDCAは、Plan（計画）、Do（支援及び運用）、Check（パフォーマンス評価）、Act（改善）のこと。パフォーマンス評価をふまえて、次につながる改善を図る。

答4 × ISO14001の基準に適合しているかを判定するために、第三者認証が行われている。

答5 ○ 省エネ化、長寿命化のほか、分解しやすい製品も対象例である。自らの本来業務を通じて環境改善を行うことが重要である。

答6 × トリプルボトムラインとは、企業などの持続的な発展には経済・環境・社会の3分野を高める必要があるとの考え方である。

答7 × 設問は環境報告書のことである。企業は、この報告書の信頼性を高めるために、第三者による審査、第三者による意見の掲載などを行う。

答8 ○ 環境報告書でプレッジ・アンド・レビュー（誓約と評価：Pledge and Review）が行われることで、事業者の環境活動を推進する機能がある。

答9 × 設問の内容はESG投資である。環境（Environment）、社会（Social）、企業統治（Governance）の視点を含めて投資や融資の対象を評価、選別、監視しようとする考え方。企業の長期的な持続可能性を評価しようとしている。

答10 × 100万人のキャンドルナイトである。民間団体の呼びかけで2003年から夏至と冬至の夜に日本各地で行われている。

09 製品の環境配慮
10 企業の環境活動 (1)

問1　EU 圏で、安全性が確認されていない化学物質を市場から排除するため、約 3 万種類の化学物質の有害情報などの登録・評価・認定を義務づけたのは WEEE 指令である。

問2　RoHS 指令とは、国連加盟国において、電気・電子機器における鉛、水銀、カドミウム、六価クロム、ポリ臭化ビフェニル（PBB）、ポリ臭化ジフェニルエーテル（PBDE）の使用を原則禁止した指令のことである。

問3　パソコンのリサイクルは、資源有効利用促進法（資源の有効な利用の促進に関する法律）に基づいて実施されている。

問4　サプライ・チェーンとは、リスクに関する情報を関係者すべてが共有し、対話などを通じてリスクを低減していくことをいう。

問5　企業内外にわたって、製品の開発から販売までの一連の流れについて、全体の効率化を目標として経営成果を高めるマネジメント手法のことをサプライ・チェーン・マネジメント（SCM）という。

問6　ライフサイクルアセスメント（LCA）とは、事業の実施段階ではなく、計画段階や政策の段階で環境への影響を評価することである。

問7　炭素が、炭素化合物として、生物、大気、海洋などの間で、移動、交換、貯蔵を繰り返しながら循環していることをカーボンフットプリント（CFP）という。

問8　カーボンオフセットとは、自らの努力で削減できない温室効果ガスについて、その量に見合った温室効果ガスの削減活動への投資などにより埋め合わせる制度である。

問9　J- クレジット制度は、省エネルギー機器の導入による温室効果ガスの削減量や吸収量を「クレジット」として国が認証する制度であり、森林経営などの取り組みには適用されない。

問10　CASBEE とは、企業などの組織が、サステナビリティ報告書を作成する際に利用できる枠組みを提供する国際的なガイドラインのことである。

答1 ✕ 設問はREACH規則についての説明である。WEEE指令は、EU圏内で、家電製品、情報・通信機器、医療機器など幅広い品目の製品を、メーカーに自社製品の回収・リサイクル費用を負担させる指令である。

答2 ✕ RoHS指令とは、EU圏内で電気・電子機器における鉛、水銀、カドミウム、六価クロム、ポリ臭化ビフェニル（PBB）、ポリ臭化ジフェニルエーテル（PBDE）の使用を2006年7月1日から原則禁止した指令のこと。

答3 ○ 資源有効利用促進法では、3Rの取り組みが必要となる製品や業種について、リサイクル対策、リデュース、リユースを実施する内容を定めている。パソコンのリサイクルもこれに当たる。

答4 ✕ サプライ・チェーン（supply chain：供給連鎖）は、企業内外にわたる製品の開発から販売までの一連の流れのこと。

答5 ○ 環境面でのSCMは、企業自らが環境負荷の改善をするだけではなく、サプライ・チェーンの上流、下流、つまり原料調達先や流通の委託先にも環境負荷低減を促すことが重要である。

答6 ✕ LCAは、製品の原料調達、製造、使用、リサイクルの各段階でのインプットデータ（エネルギーや天然資源の投入量）、アウトプットデータ（環境への汚染物質の排出量）を基に、環境への影響を評価すること。設問はSEAの説明。

答7 ✕ カーボンフットプリントとは、商品のライフサイクル全体を通じて排出された温室効果ガスをCO_2の量に換算してラベルで表示し、製品の環境負荷を「見える化」する仕組みである。

答8 ○ 排出される二酸化炭素を何らかの別の手段で相殺する仕組みである。オフセット（offset）は、「相殺するもの」「埋め合わせ」という意味である。

答9 ✕ J-クレジット制度は国が温室効果ガスの削減量や吸収量を「クレジット」として認証する制度で、省エネルギー機器の導入や森林経営などの取り組みが認証される。

答10 ✕ CASBEEは、建物の環境性能評価システムのこと。省エネや環境負荷の少ない資機材の使用、景観への配慮など、建物の品質を総合的に評価するもの。

⑩ 企業の環境活動 (2)

問1 6次産業化とは、農林漁業の活性化の手段として、農林漁業者自らが生産だけでなく加工・流通販売を一体的に行ったり、農林漁業者と加工業者、流通販売業者が連携して事業を展開したりすることをいう。

問2 土づくり、減化学肥料・減農薬など、持続性の高い農業生産方式を導入した農家を国が認定する制度を、エコファーマー認定制度という。

問3 SDGs の 17 の目標は、環境、経済、社会の幅広い分野の関連が強調されていて、それぞれの分野に対して統合的に取り組むことが求められている。

問4 「緑の雇用」事業とは、林野庁による、林業における現場技能者の人材育成のための事業である。

問5 地域内エコシステムとは、地域の森林資源をマテリアルやエネルギーとして地域内で有効活用する、地産地消型の持続可能なシステムのことである。

問6 魚類繁殖のため保護されている海岸沿いの森林のことを、雑木林という。

問7 沿岸域に存在して海草・海藻の生い茂る藻場は、多くの海洋生物の産卵・生育場所となるほか、水質改善や光合成による二酸化炭素の吸収の働きも持っている。

問8 MSC（Marine Stewardship Council）認証は、水産資源と環境に配慮した持続可能な漁法で獲られた魚に表示される。

問9 テレワークとは、インターネットなどの ICT を活用した、働く場所や時間にとらわれない柔軟な働き方のこと。人の移動を減らし、エネルギーの利用を削減することが期待される。

問10 紙で作成・回覧・保存されていた文書を電子化することで、業務を効率化することを ICT 化という。

答1 ○ 第一次産業（生産）・第二次産業（加工）・第三次産業（販売）が連携する経営形態。1 × 2 × 3 ＝ 6 で、6次産業化である。

答2 × エコファーマーは、持続性の高い農業生産方式の導入の促進に関する法律（持続農業法）に基づき、持続性の高い農業生産方式を導入した農家を都道府県知事が認定する制度である。

答3 ○ 設問のとおりである。働き方改革によってエネルギー消費量を減らすなど、統合的な取り組みが求められている。

答4 ○ 林野庁では、林業人材の育成及び確保のため、緑の雇用事業のほかにも、森林施業プランナーの育成対策事業なども行っている。

答5 ○ 木質ペレットを活用した木質バイオマス熱電供給施設からの地域への温水供給、電力会社への売電などが考えられている。「エコシステム」とは一般に「生態系」を指すが、ここでは「環境に配慮したシステム」の意味である。

答6 × 海岸沿いに保護されている林は、魚付き林と呼ばれている。魚が好む日陰を木々がつくり、そこから栄養塩類が供給され、プランクトンを育てることにより、魚類繁殖に効果がある。

答7 ○ 海洋生物の産卵・生育場所となるほか、水質改善、二酸化炭素吸収などの働きを持つ藻場は、海の森にも例えられる。

答8 ○ MSCは持続可能な漁業を推進するため認証制度を設け、水産資源と環境に配慮して獲られた水産物にMSC「海のエコラベル」を与えている。なお、ASC認証は、持続可能な方法で養殖された魚の環境ラベルである。

答9 ○ コロナ禍を機に、自宅やサテライトオフィスなどにて、テレワークで業務を行うことが広がった。また、ICT（Information and Communications Technology）とは、情報通信技術のことである。

答10 × 設問の内容はペーパーレス化である。業務の効率化とともに紙の消費量削減に役立つ。

⑪ **環境問題への市民の関わり**
⑫ **生活者・消費者 (1)**

問 1 我々は生活者として家電製品・自動車や住宅等を利用することでエネルギーを使い、汚水を生じ、ごみを排出するなど環境への負荷を発生させている。

問 2 最新の流行を取り入れながら低価格に抑えた衣料品を、短いサイクルで世界的に大量生産・販売するファッションのブランドや業態のことを、グローバル経営という。

問 3 3 年以上、化学肥料を使わない農地で化学合成農薬を使わずに栽培された綿花を、リデュースコットンという。

問 4 エコロジカル・フットプリントは、「食料の重量 (t)」×「生産地と消費地の移動距離 (km)」で表され、この数値が大きいほど環境に負荷を与えているという考え方である。

問 5 バーチャルウォーターとは、海外から輸入された「飲料水」の量のことである。

問 6 食品ロスとは、本来食べられるのに廃棄されている食品のことで、食品関連の事業者や家庭から発生している。

問 7 「自助／共助／公助」とは、個人や家庭でできることは自分たちで行う「自助」、近隣や地域社会の人々や NPO などが中心に取り組む「共助」、国や自治体による取り組みの「公助」という考え方で、特に「共助」が注目されている。

問 8 冷房と暖房では、冷房のほうが圧倒的に、エネルギー消費量が多い。

問 9 LRT（Light Rail Transit）とは、超低床車両でスムーズな乗降、窓が大きく明るい車内、静かで揺れの少ない室内環境などを実現したユニバーサルデザインの次世代型路面電車のこと。

問 10 いつでもどこでも食べたいものを食べるというライフスタイルは、燃料や肥料、農薬、添加物等を必要以上に使い、土壌を疲弊させ、私たちの健康不安も招いている。

答1 ○ 設問のとおりである。市民の役割として、このような点に環境面で配慮をすることにより、環境負荷を低減することができる。

答2 × ファストファッションという。衣料を大量生産、大量消費することでごみとしての廃棄量が多くなる。

答3 × オーガニックコットンである。オーガニックは有機栽培の意味で、化学合成農薬や化学肥料を使用せずに栽培する農法である。

答4 × 設問はフードマイレージの計算式である。食料自給率が低く、原料や製品を海外からの輸入にたよっている日本では、調達のための輸送エネルギーが多く必要となり、環境負荷の一因となっている。

答5 × バーチャルウォーターは、輸入した食料を自国内で生産した場合にどのくらいの水が必要だったのかを推定した指標である。

答6 ○ 設問のとおりである。発生の要因としては、製造工程での印刷ミス、流通過程での汚損、規格外品などのほか、「3分の1ルール」などの慣行的な商習慣による返品がある。

答7 ○ 持続可能な社会の構築には行政施策の推進が重要だが、地域社会の自律的な取り組み「共助」が不可欠であり、市民は、住民として地域コミュニティの取り組みを支える担い手である。

答8 × 暖房のエネルギー消費量のほうが多い。

答9 ○ 設問のとおりである。低炭素な公共交通機関の利用促進が重要となっている。

答10 ○ 設問のとおりである。ライフスタイルを環境配慮型にするには、環境に関する情報を市民に届けて理解されることが重要である。また、教育の役割も重要である。

⑫ 生活者・消費者 (2)

問1 食品や洗剤などの原料として用いられるトウモロコシは、熱帯林を切り開いて作られたプランテーション（農園）で生産されることもあり、野生生物への悪影響が懸念されている。

問2 環境や社会的公正に配慮し、倫理的に正しい消費ライフスタイルを、エシカル消費という。

問3 フェアトレードとは、企業が、社会構成の一員であることから、持続可能な社会の実現に向けて自らの社会的責任を果たす行動のことをいう。

問4 紛争状態が続くコンゴ民主共和国やその周辺国で採掘されるタンタル、タングステン、金、スズなどのことを紛争鉱物という。

問5 商品の購入やサービス利用時に、価格、品質、機能、デザインだけでなく、環境や社会への影響にも配慮して商品やサービスを選ぶことを、グリーン購入といい、グリーン購入を積極的に行う消費者をプロシューマーという。

問6 グリーンコンシューマーの買い物10の原則には、「必要なものを必要な量だけ買う」「作る人に公正な配分が保障されるものを選ぶ」なども含まれている。

問7 消費生活アドバイザーは、消費者の意向や苦情を企業または行政へ提言し、反映させる役割を持っている。

問8 借りた場所だけでなく別の場所でも返却ができる、自転車を使った新しい公共交通システムをシェアサイクルという。

問9 環境共生住宅とは、地球環境を保全するという観点で十分な配慮がなされ、周辺の自然環境と調和し、健康で快適に生活できるよう工夫された住宅である。

問10 食品に関するトレーサビリティー（traceability）とは、食の安全確保のため、加工食品に賞味期限または消費期限のどちらかを表示していることをいう。

答1　×
食品や洗剤等の原料として用いられるのは、パーム油である。労働環境に配慮し、環境への悪影響を抑え、持続可能な方法で生産されたことを認証するRSPO認証マークをつける活動が行われている。

答2　○
エシカル（ethical）は、英語で倫理的なという意味である。

答3　×
フェアトレードは、先進国が開発途上国から原料や製品を輸入する際に、途上国の生産者や労働者の生活改善や自立を目指して、適正な価格で継続的に購入する公平・公正な貿易のこと。

答4　○
紛争鉱物は、不法に採掘され、武装勢力の資金源となっている可能性が高く、問題となっている。

答5　×
グリーン購入を積極的に行う消費者は、グリーンコンシューマーである。

答6　○
正しい。グリーンコンシューマー全国ネットワークによるグリーンコンシューマーの買い物10の原則と、日本消費生活アドバイザー・コンサルタント・相談員協会によるグリーンコンシューマーが望む環境情報9原則がある。

答7　○
1980年に誕生した制度で、消費者の利益の確保、企業の消費者志向の促進を行うと同時に、持続可能な社会の形成に向けて積極的に行動する消費者市民の育成のための役割を果たしている。

答8　○
設問のとおりである。コミュニティサイクルともいう。移動による二酸化炭素排出を削減する取り組みの1つである。

答9　○
設問のとおりである。環境共生住宅は、エネルギー、資源、廃棄物などの面で、十分に配慮がなされている住宅のことである。

答10　×
トレーサビリティーは、日本語で追跡可能性と訳される。食品の場合、食品が消費者に届けられるまでの履歴（生産者・農薬などの使用状況・流通経路）が確認できる。

⑬ 主権者としての市民　⑭ NPOの役割
⑮ ソーシャルビジネス　⑯ 行政・企業・市民の協働

問1　トランジション・タウンとは、街の中の安全なスペースとしてコンビニエンスストアを位置づけて、安心、安全なまちづくりを推進しているまちのことである。

問2　環境税には、地球温暖化対策税、森林環境税、エコカー減税などがある。

問3　NPO は Non Profit Organization（非営利組織）の略で、社会的使命の達成を目的として設立され、団体構成員に対し収益を配分することを目的としない団体の総称である。

問4　日本では、すべての NPO 法人において、寄付者に対しての寄付金控除が認められている。

問5　環境分野で活躍する日本の NPO は、広く市民の支持を集めることができることから、その活動を支える会員数も多く、総会員数でみると欧米と肩を並べている。

問6　ソーシャルビジネスは、これまで行政により対応が図られていた社会的課題を解決していく事業で、民間の力を公共サービスに活用する事業形態である。

問7　コミュニティビジネスとは、地域に暮らす人々が主体となって地域の課題にビジネスの手法で取り組み、そこで得た成果を地域に還元していく事業である。

問8　セーフティステーションとは、住宅や店舗、公共施設など日常生活に必要な機能を中心部に集めることで、自動車をあまり使わなくとも日常生活ができるような空間配置を目指したまちづくりのことである。

問9　PFI とは、公共施設等の建設、維持管理、運営等を民間の力を活用して行う事業のことである。

問10　協働による活動は、山形県の菜の花エコプロジェクトや、滋賀県のレインボープランなど、30 年以上前から成果を上げてきた事例がある。

答1 ✕ 設問はセーフティステーションである。トランジション・タウンは、イギリスのロブ・ホプキンスが2005年に立ち上げた運動で、地域資源の活用で人々が協力しあい、柔軟で強靭な持続可能な社会への移行を目指している。

答2 ✕ エコカー減税は、環境に配慮した製品の購入に対して税負担を軽減するグリーン化税制であり、環境への影響をもたらす行為に課税をする環境税ではない。

答3 ○ 1998年の特定非営利活動促進法（NPO法）を機にさまざまな分野のNPOが誕生した。当初、NGO（Non-Governmental Organization）という名称が使われたが、NPO法成立後、法人格を取得した組織はNPOを使用している。

答4 ✕ 税制優遇措置は国によって違うが、日本では認定NPO法人になれば寄付者に対して寄付金控除が認められる。

答5 ✕ 日本の環境NPOの会員数は、欧米のNGOに対して規模が小さく、欧米ほどの影響力を発揮できない。

答6 ○ 主にソーシャルビジネスを行うことを目的に活動する事業主体のことを、ソーシャルビジネス事業者（社会起業家）という。

答7 ○ 活動領域や解決すべき社会的課題について一定の地理的範囲が存在している点が、ソーシャルビジネスとの違いである。

答8 ✕ セーフティステーションとは、まちの中の安全なスペースとして位置づけられたコンビニエンスストアやスーパーマーケットのことである。地震などの災害時には一時避難場所にもなる。

答9 ○ PFI（民間資金等活用事業）では、民間の資金、経営能力などを活用することで効率的かつ効果的に公共サービスを提供することを目指している。

答10 ✕ 山形県はレインボープラン（1988年開始）、滋賀県では菜の花エコプロジェクト（1998年開始）が成果を上げてきた事例である。

本書の正誤情報等は、下記のアドレスでご確認ください。
http://www.s-henshu.info/ecyy2404/

上記掲載以外の箇所で正誤についてお気づきの場合は、**書名・発行日・質問事項（該当ページ・行数・問題番号**などと誤りだと思う理由）・**氏名・連絡先**を明記のうえ、お問い合わせください。

・web からのお問い合わせ：上記アドレス内【正誤情報】へ
・郵便または FAX でのお問い合わせ：下記住所または FAX 番号へ
※**電話でのお問い合わせはお受けできません。**

[宛先] コンデックス情報研究所
　　　　『eco 検定® 要点まとめ＋よく出る問題』係
　　住　　所：〒 359-0042　所沢市並木 3-1-9
　　FAX 番号：04-2995-4362　（10:00 ～ 17:00　土日祝日を除く）

※**本書の正誤以外に関するご質問にはお答えいたしかねます。**また受験指導などは行っておりません。
※ご質問の受付期限は、各試験日の 10 日前必着といたします。
※回答日時の指定はできません。また、ご質問の内容によっては回答まで 10 日前後お時間をいただく場合があります。
あらかじめご了承ください。

■編著：匂坂 正幸（さぎさか まさゆき）
　1977 年早稲田大学理工学部資源工学科卒業、同年工業技術院公害資源研究所（現：国立研究開発法人産業技術総合研究所）に勤務。石炭エネルギー開発、保安、エネルギー評価、環境マネジメントシステム関係研究に従事。産業技術総合研究所ライフサイクルアセスメント研究センター、安全科学研究部門を経て、現在同所名誉リサーチャー、国連工業開発機関（UNIDO）コンサルタント（環境エネルギー）、早稲田大学創造理工学部非常勤講師（廃棄物管理工学）。博士（工学）。

■編著：コンデックス情報研究所
　1990 年 6 月設立。法律・福祉・技術・教育分野において、書籍の企画・執筆・編集、大学および通信教育機関との共同教材開発を行っている研究者・実務家・編集者のグループ。

■イラスト：ひらのんさ

eco 検定（環境社会検定試験）® は東京商工会議所の登録商標です。

eco検定® 要点まとめ＋よく出る問題

2024年 5 月30日発行

編　著　匂坂正幸（さぎ さか まさ ゆき）　コンデックス情報研究所（じょう ほう けん きゅう しょ）

発行者　深見公子

発行所　成美堂出版
　　　　〒162-8445　東京都新宿区新小川町 1 - 7
　　　　電話(03) 5206-8151　FAX(03) 5206-8159

印　刷　大盛印刷株式会社